Marion Pauly
Stefan Matecki
Christelle Ramonatxo

La mitochondrie, une sentinelle dans le remodelage musculaire

Marion Pauly
Stefan Matecki
Christelle Ramonatxo

La mitochondrie, une sentinelle dans le remodelage musculaire

Réflexions autour du vieillissement et de la dystrophie de Duchenne

Presses Académiques Francophones

Impressum / Mentions légales
Bibliografische Information der Deutschen Nationalbibliothek: Die Deutsche Nationalbibliothek verzeichnet diese Publikation in der Deutschen Nationalbibliografie; detaillierte bibliografische Daten sind im Internet über http://dnb.d-nb.de abrufbar.
Alle in diesem Buch genannten Marken und Produktnamen unterliegen warenzeichen-, marken- oder patentrechtlichem Schutz bzw. sind Warenzeichen oder eingetragene Warenzeichen der jeweiligen Inhaber. Die Wiedergabe von Marken, Produktnamen, Gebrauchsnamen, Handelsnamen, Warenbezeichnungen u.s.w. in diesem Werk berechtigt auch ohne besondere Kennzeichnung nicht zu der Annahme, dass solche Namen im Sinne der Warenzeichen- und Markenschutzgesetzgebung als frei zu betrachten wären und daher von jedermann benutzt werden dürften.

Information bibliographique publiée par la Deutsche Nationalbibliothek: La Deutsche Nationalbibliothek inscrit cette publication à la Deutsche Nationalbibliografie; des données bibliographiques détaillées sont disponibles sur internet à l'adresse http://dnb.d-nb.de.
Toutes marques et noms de produits mentionnés dans ce livre demeurent sous la protection des marques, des marques déposées et des brevets, et sont des marques ou des marques déposées de leurs détenteurs respectifs. L'utilisation des marques, noms de produits, noms communs, noms commerciaux, descriptions de produits, etc, même sans qu'ils soient mentionnés de façon particulière dans ce livre ne signifie en aucune façon que ces noms peuvent être utilisés sans restriction à l'égard de la législation pour la protection des marques et des marques déposées et pourraient donc être utilisés par quiconque.

Coverbild / Photo de couverture: www.ingimage.com

Verlag / Editeur:
Presses Académiques Francophones
ist ein Imprint der / est une marque déposée de
OmniScriptum GmbH & Co. KG
Heinrich-Böcking-Str. 6-8, 66121 Saarbrücken, Deutschland / Allemagne
Email: info@presses-academiques.com

Herstellung: siehe letzte Seite /
Impression: voir la dernière page
ISBN: 978-3-8416-2815-2

THÈSE
Pour obtenir le grade de
Docteur

Délivré par Université Montpellier 1

**Préparée au sein de l'école doctorale
Science du Mouvement Humain**

**Et des unités de recherche
INSERM U1046 Physiologie et Medecine Experimentale du
Cœur et du Muscle
UMR 866 Dynamique Musculaire et Métabolisme**

Spécialité : Physiologie

Présentée par Marion Pauly

La mitochondrie, une sentinelle dans le remodelage musculaire
Réflexions autour du vieillissement et de la dystrophie de Duchenne

---

Soutenue le 21 novembre 2013 devant le jury composé de

Jacques Mercier, PU-PH, Université Montpellier 1 — Président du Jury

Cécile Vindis, CR1 INSERM, Université de Toulouse — Rapporteur

Helge Amthor, MCU-PH, Université Versailles Saint-Quentin-en-Yvelines — Rapporteur

Isabelle Marty, DR2 INSERM, Université de Grenoble — Examinateur

Stefan Matecki, PU-PH, Université Montpellier 1 — Directeur

Christelle Koechlin-Ramonatxo, MCU, Université Montpellier 1 — Co-directeur

Université Montpellier 1

Remerciements

Je souhaite remercier toutes les personnes qui ont permis, de près ou de loin, la réalisation et l'aboutissement de ce travail.

Je remercie vivement les membres de mon jury d'avoir accepté d'évaluer mon travail :

- Merci au Pr Jacques Mercier d'avoir accepté de présider mon jury.

- Merci aux Dr Cécile Vindis et Helge Amthor d'être les rapporteurs de ma thèse.

- Merci au Dr Isabelle Marty de faire partie de mon jury en tant qu'examinateur.

Je tiens à remercier tout particulièrement Christelle Ramonatxo et Stefan Matecki pour m'avoir coencadrée de façon remarquable tout au long de ma thèse, de vrais parents de thèse !

Christelle, qu'aurais-je fait sans tes conseils et expériences professionnels et personnels, ton efficacité et ta pédagogie indéniable ? Tu as toujours su m'amener plus loin et eu confiance en moi, jamais un coup de mou, même si c'est dur, on lève la tête. Je t'en suis tellement reconnaissante !

Stefan, merci de m'avoir toujours estimée et d'avoir cru en moi dans toute cette aventure, merci de m'avoir apporté tes connaissances scientifiques et empiriques, elles ont toujours été de bons conseils !

Merci à tous les deux pour votre encadrement sans faille qui est la source de la réussite de ce travail.

Je remercie chaleureusement les membres de l'unité U1046. Merci au Pr Jacques Mercier et au Dr Sylvain Richard de m'avoir accueillie dans leur laboratoire, et au Dr Alain Lacampagne de m'avoir acceptée dans son équipe. Merci à toutes les personnes qui ont permis ma formation et mon épanouissement au sein de ce laboratoire, Annick, Azouz, Cécile, Gilles, Gérald, Fabienne, Marie, Marjorie, Nadège, Karen et Tadjou, ce n'était pas gagné d'avance !

- Merci Jeremy d'avoir partagé tout ce temps devant les fibres ou derrière le microscope, chargé ! Merci pour tes précieux conseils.

- Merci les knackes pour votre humour sans faille, j'espère vous avoir un peu convertis à l'Alsace ! Marie, Pierre M², un jour vous découvrirez les richesses de cette région, c'est sûr !

- Merci Gilles pour le saucisson du vendredi soir et Jean-Yves, Olivier and co pour les discussions animées…

Merci également à tous les membres de l'équipe de l'unité UMR 866 DMEM à l'INRA, dans laquelle j'ai aussi passé du temps. Merci Anne Bonnieu pour m'y avoir accueillie. Merci Béa d'avoir partagé tous ces moments devant nos mitochondries, que du bonheur ! Merci Barbara, Béatrice, François et Gilles, pour m'avoir apporté des compétences techniques remarquables.

Je remercie tous les étudiants des deux unités pour leur bonne humeur (et pour les croissants du Journal Club...), j'ai été heureuse de partager ces moments-là avec vous.

Merci à toute l'équipe québécoise de m'avoir accueillie, une expérience professionnelle et personnelle extrêmement enrichissante, tabernacle c'était bien le fun chez vous !

Merci à mes petites souris car sans elles rien n'aurait été possible, et un grand merci aux animaliers qui s'en occupent soigneusement.

Merci à mes chéries alsaciennes, Léa, Marine, Lili, Ori, Mymy, Aline et Aline, qui m'ont soutenue et permis de m'évader dès que besoin, je vous aime ! Merci à tous mes amis, vous êtes tous aussi magiques les uns que les autres et toujours présents au rendez-vous des bons copains. Merci les colocs de supporter mes coups de mou, mes coups durs et mes coups de folie !

Enfin, merci à mes fabuleux parents qui m'ont soutenue depuis le début et continueront jusqu'à la fin. Merci Étienne pour tout le bonheur que tu m'apportes. Merci à chacun !

Sommaire

Liste des abréviations et illustrations

ACC: Acetyl-CoA carboxylase
ADN : acide désoxyribonucléique
ADP : adénosine diphosphate
ADNmt: ADN mitochondrial
AIF: Apoptosis Induced Factor
AMP: Adenosine Mono Phosphate
AMPK: AMP activated protein Kinase
ANT: Adenine Nucleotide Translocator
APAF1: Apoptotic protease activating factor 1
ATF3: Activating transcription factor 3
ATF6: Activating transcription factor 6
Atg : autophagic genes
ATP: Adénosine tri-phosphate
ATPase: adénosine triphosphatase
BAX: BCL2-assiocated X protein
Bcl-xl: B-cell lymphoma-extra large
Bcl2: B-cell leukaemia-2
Bid: BH3 interacting domain death agonist
BiP: Binding Protein
Bnip3: BCL2/E1B 19 kDa-interacting protein 3
Ca^{2+}: ion calcium
$[Ca^{2+}]_i$: Concentration de calcium intracellulaire
$[Ca^{2+}]_m$: Concentration de calcium mitochondrial
CAMKK: calcium/calmodulin-dependent protein kinase kinase β
CHOP: CCAAT/enhancer-binding protein homologous protein
CK: créatine kinase
CnA: Calcineurine A
CsA: cyclosporine A
Cyt c: Cytochrome c
CypD : cyclophiline D
DMD : Duchenne MuscularDystrophy
DRP1: Dynamin-related protein 1
Eif2: Eukaryotic initiation factor 2
EndoG: Endonuclease G, mitochondrial
ER: Endoplasmic Reticulum
ERAD: ER associated Degradation
ERR: Estrogen Related Receptors
EOR: Espèces Oxygénées Réactives
FIS1: Fission protein 1

GDAP1: Ganglioside-induced differentiation-associated protein 1
GRP78: Glucose-regulated protein 78 (BiP)
H2O2: peroxyde d'hydrogène
HSP70: Heat shock protein 70
HDACs: Histone déacetylases
IP3R : récepteur de l'inositol 1, 4, 5-triphosphate
IRE-1α: Inositol-requiring 1 transmembrane kinase/endonuclease-1
JNK: c-Jun N-terminal kinase
KO: Souris knock-out
LC3: Light chain 3
LKB1: Liver Kinase B1
MAM: Mitochondria-associated membrane
MCU: Mitochondrial Channel Uniport
MEF2: Myocyte enhancer factor-2
MFN: Mitofusin
MIB: Mitofusin-bindingprotein
MME: Membrane Mitochondriale Externe
MMI: Membrane Mitochondriale Interne
Mstn: Myostatin
mTOR: mammalian target of rapamycin
NFAT: Nuclear factor of activated T-cells
NADH: nicotinamide adénine dinucléotide NO: Oxyde d'azote
NRF: Nuclear Respiratory Factor
OPA1: Optic atrophy 1; l-OPA1: long form of OPA1; s-OPA1: short form of OPA1
PERK: Protein kinase RNA-like endoplasmic reticulum kinase
PGC1-α: Peroxisome proliferator-activated receptor-gamma coactivateur-1alpha
Pi: Phosphate Inorganique
Pink1: PTEN-induced putative kinase 1
PKA: Protein kinase A
PKCθ: Protein kinase Cθ
PLD: Phospholipase D
PPAR: Peroxisome proliferator-activated receptors
PTP : Permeability Transition Pore
RAPTOR: Regulatory-associated protein of mTOR
RE: Reticulum Endoplasmique
RS: Reticulum Sarcoplasmique
RYR: récepteur de la ryanodine
SERCA: sarcoplasmic/endoplasmic reticulum Ca2+ ATPase
SIRT1: Sirtuine 1

SOD: superoxide dismutase
TGF-β : transforming growth factor-β
TFAM: Transcription factor A, mitochondrial
UCP: UnCoupling Protein
Ulk1: Unc51-like kinase 1
UPR: Unfolded protein response
VDAC: Voltage Dependant Anion Channel
XBP1: X box-binding protein 1
WT: Wild Type
ΔΨm : potentiel membranaire mitochondrial

Liste des figures

Préambule

Constituant près de la moitié du poids corporel, le **muscle représente le tissu le plus important de l'organisme d'un point de vue quantitatif.** Toute altération ou remodelage de ce tissu peut engendrer des conséquences physiopathologiques et *in fine* se répercuter sur la qualité de vie des individus. Parmi ces atteintes, **l'altération mitochondriale** a été mise au centre de diverses maladies dont les plus connues sont le vaste domaine des dysfonctions musculaires acquises ou congénitales mais également les maladies métaboliques telles que le diabète.

Née de l'endosymbiose d'une bactérie dans une cellule eucaryote il y a environ 2 milliards d'années, **la mitochondrie est un organite tout à fait spécifique** dans l'organisme. En effet, elle possède son propre ADN, elle se multiplie ou s'auto-supprime indépendamment de la division même de la cellule. L'apparition du microscope électronique a permis de décrire sa structure et sa fonction historique. En effet, si au siècle précédent, sa fonction se résumait à une centrale énergétique, car la mitochondrie représente **le plus puissant générateur d'énergie,** les recherches actuelles la positionnent comme une réelle **sentinelle de la cellule**, responsable de son destin. **Mobile**, elle se déplace dans le cytoplasme en fonction des besoins de la cellule. **Elle contrôle le destin cellulaire** via les voies de l'apoptose ou l'autophagie, lui offrant un **rôle crucial dans la vie ou la mort de la cellule.** Formant un **véritable réseau dans la cellule**, la mitochondrie entretient des **liens étroits avec le réticulum sarcoplasmique** et contribuent **à l'homéostasie calcique.**

Cette revue de littérature s'inscrira dans cette nouvelle conception et analysera dans un premier temps la régulation de la voie mitochondriale, et son rôle dans l'homéostasie de la cellule musculaire, puis les conséquences physiopathologiques au niveau musculaire lorsque cette sentinelle se dérègle.

Revue de la littérature

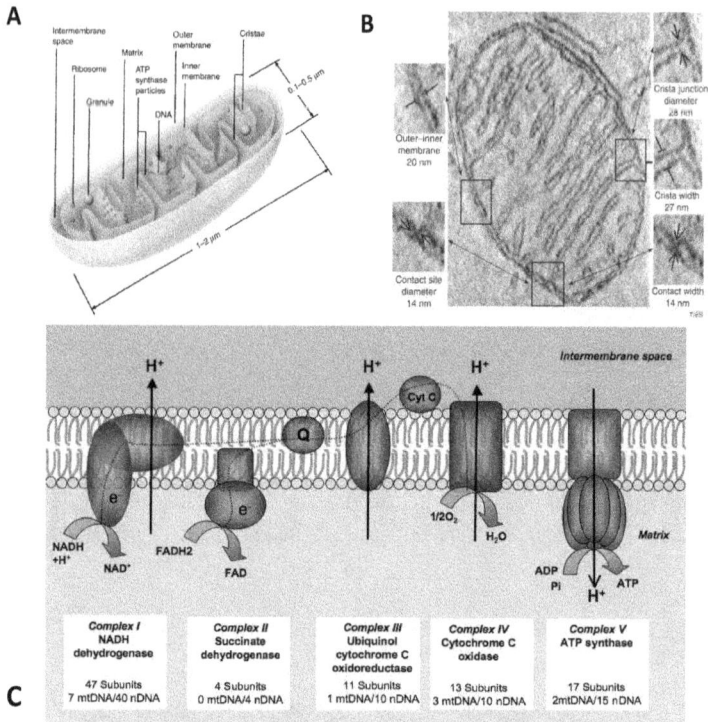

Figure 1: Représentation structurelle de la mitochondrie

A. Représentation de la structure mitochondriale. **B.** Visualisation d'une mitochondrie par microscopie électronique. **C.** Mitochondrie et Production d'ATP : représentation schématique des complexes de la chaîne respiratoire.

La production d'énergie par la mitochondrie est un ensemble de réactions presque entièrement cataboliques, au cours desquelles le glucose et les acides gras provenant de notre alimentation sont dégradés par glycolyse et lipolyse respectivement. La chaîne de transport des électrons (ou chaîne respiratoire), située sur les crêtes mitochondriales de la membrane interne, est composée de 5 complexes dans lesquels transitent les électrons fournis par les co-enzymes réduits (NADH et FADH2) provenant des substrats. Ce transit d'électrons permet de pomper les ions H^+ dans l'espace inter-membranaire ce qui crée un gradient de protons. C'est à partir de ce gradient chimique que l'ATP est produit par phosphorylation oxydative par le complexe V (ATP synthéthase). La formation d'ATP résulte de la force dite proton motrice créée par le pompage du complexe V des ions H+ vers la matrice de la mitochondrie. Il est à noter ici que le dioxygène ne sert dans ce processus que comme un accepteur des électrons après leur transit dans la chaîne respiratoire (au niveau du complexe IV). 95 à 99% de l'oxygène est ainsi réduit en eau. 1 à 5% est transformé en EORs. D'après Frey et Manella 2000 (A.B.) et Bellance et al., 2009 (C.)

16

Revue de la littérature

1. Régulation de la voie mitochondriale

Les mitochondries ont une dimension de 1 à 10 μm de long et de 0,5 à 1 μm de diamètre. Par leur caractère dynamique, la taille des mitochondries varie extrêmement d'une situation à une autre. La mitochondrie est constituée de deux membranes délimitant trois compartiments: l'espace extra-mitochondrial, l'espace inter-membranaire et la matrice mitochondriale (**Figure 1**).

La membrane mitochondriale externe, formée de 40% de lipides et 60% de protéines, est perméable aux molécules de poids moléculaires inférieurs à 10kDa, transitant via le transporteur de protéine TOM, (Translocase of the outer membrane). Elle contient notamment la protéine porine VDAC présent sur 50% de sa membrane (Mannella and Bonner, 1975) qui, grâce à sa fonction de canal, permet les échanges de métabolites (ATP, Pi…) avec le milieu extra-mitochondrial. Par son rôle important dans l'homéostasie calcique, cette protéine sera décrite précisément par la suite.

La membrane mitochondriale interne, forme des invaginations qui apparaissent sous forme de crêtes. Elle est beaucoup moins perméable, sa composition est particulière avec 80% de protéines et 20% de phospholipides (dont la cardiolipine, marqueurs de densité mitochondriale). Elle fait le lien avec la matrice mitochondriale. Cette membrane est le siège de la production d'ATP, elle contient les complexes enzymatiques mitochondriaux de la chaîne respiratoire permettant la production d'énergie (**Figure 1**). La matrice mitochondriale contient l'ADNmt, ainsi que toutes les enzymes participant à la dégradation des substrats au niveau du cycle de Krebs ou de la β-oxydation des acides gras. Dans le muscle squelettique, deux populations de mitochondries coexistent en terme de localisation: les mitochondries sub-sarcolemmales (SS) et les mitochondries intermyofibrillaires (IMF). Alors que la production d'ATP des mitochondries SS est impliquée dans les échanges cellulaires, celle des mitochondries IMF participe directement à la fonction contractile (Cogswell et al., 1993).

Au niveau fonctionnel, la mitochondrie joue un rôle central dans l'homéostasie musculaire par différents mécanismes. Traditionnellement, la mitochondrie est connue comme indispensable dans le métabolisme cellulaire via la production d'ATP (**Figure 1**).

Cette revue de littérature ne se focalisera pas sur cette fonction métabolique déjà parfaitement décrite dans la littérature scientifique. La mitochondrie joue également d'autres fonctions majeures qui ne seront pas abordées dans cette thèse, comme la régulation du statut redox définit par la balance entre production d'espèces oxygénées réactives et défenses anti-oxydantes. En effet, la mitochondrie est le siège majeur de production d'espèces oxygénées réactives au niveau de la chaîne respiratoire et joue un rôle important dans la régulation des défenses anti-oxydantes, en étant le réservoir de certaines enzymes (Reid et al., 1993). Elle est capable de réguler l'activité de ces dernières, permettant à la cellule de rétablir une rupture de son homéostasie face à un stress cellulaire. Enfin, elle est également impliquée dans de nombreux processus comme la régulation du pH intracellulaire, la régulation de la thermogénèse, la synthèse des hormones stéroïdes.

Cette revue de littérature se concentrera sur les rôles émergeants de la mitochondrie dans la cellule musculaire : implication dans les processus de mort et survie cellulaire (Brenner and Kroemer, 2000) intimement liées à la régulation de l'homéostasie calcique cellulaire. Ces fonctions de la mitochondrie au niveau du muscle, décrites plus récemment, la positionnent comme une réelle sentinelle en charge de la survie de la cellule musculaire. Mais avant, il apparait essentiel d'analyser le concept de plasticité mitochondriale participant à l'adaptation musculaire, par l'analyse des mécanismes de biogénèse mitochondriale et de dynamique mitochondriale indispensable au maintien de la structure et de la fonction mitochondriale.

1.1. Biogénèse mitochondriale

Venant du monde bactérien, les mitochondries sont des organites quasiment indépendants dans la cellule. En effet, elles disposent de leur propre matériel génétique, l'ADN mitochondrial (ADNmt). Chez les mammifères, l'ADNmt est organisé en structures nucléoïdes, répartis dans l'ensemble de la matrice mitochondriale (Legros et al., 2004). Ce génome mitochondrial code pour environ 1% des protéines mitochondriales totales qui correspondent à 13 protéines des sous-unités des complexes I, III, IV et V de la chaîne respiratoire, le reste des protéines mitochondriales (plus de 1500 protéines) est synthétisé grâce à la contribution des gènes nucléaires de la cellule (Calvo et al., 2006). Il existe donc des liens étroits entre le génome mitochondrial et nucléaire permettant de réguler correctement la synthèse des protéines mitochondriales. Les mitochondries sont continuellement produites dans la cellule musculaire et les mitochondries âgées ou endommagées sont aussi continuellement éliminées (par le processus d'autophagie qui sera abordé dans la partie 2.2.). Le processus de biogénèse mitochondriale, ou mitochondriogénèse, permet le renouvellement constant des mitochondries, régulant et contrôlant la masse et la fonction mitochondriale. C'est un mécanisme complexe et finement régulé par l'intervention de divers facteurs. La découverte du facteur transcriptionel PGC-1α (Peroxisome proliferator-activated receptor-gamma coactivateur-1alpha) en 1998 a représenté une étape primordiale pour la compréhension de la mitochondriogénèse et il est considéré aujourd'hui comme un régulateur majeur de ce processus. Les voies signalétiques et les facteurs de variation (ou stimulis) de cette voie sont également bien décrits dans la littérature (Ventura-Clapier et al., 2008).

1.1.1. PGC-1α, un co-facteur de transcription indispensable

PGC-1α est un co-facteur de transcription impliqué dans la biogénèse mitochondriale mais aussi dans l'expression des gènes codant pour les chaînes lourdes de myosine de type I (Lin *et al.*, 2002; Wu *et al.*, 1999). PGC-1α oriente ainsi l'ensemble de la fibre musculaire vers un phénotype de type lent oxydatif, riche en mitochondries et peut ainsi améliorer les capacités aérobies du muscle. Comme le montre la **figure 2**, ses mécanismes d'action passent par la coactivation d'autres facteurs transcriptionnels comme les facteurs respiratoires nucléaires, NRF-1 et NRF-2 (Nuclear Respiratory Factors), qui sont également impliqués dans la mitochondriogénèse. En effet, ces deux facteurs, et notamment NRF-1 sont de puissants stimulateurs de l'expression de TFAM (Transcription factor A, mitochondrial), facteur initiant la réplication et la transcription de l'ADN mitochondrial (Clayton et al, 1992; Virbasius & Scarpulla 1994). Ceci permet l'augmentation de l'ADN et la duplication de la mitochondrie (**Figure 3**). Un homologue de PGC-1α, PGC-1β régule également la biogénèse mitochondriale mais serait stimulé de façon indépendante de PGC-1α (Lin et al., 2002). En effet, des stimuli comme le froid ou l'exercice n'augmentent pas l'expression en ARNm de PGC-1β contrairement à PGC-1α.
Cependant, PGC-1α et PGC-1β régulent clairement la biogénèse mitochondriale via NRF-1.

Chez les souris transgéniques exprimant PGC-1α dans des muscles spécifiques (MCK), on observe une modification du métabolisme rapide vers un métabolisme de type lent, oxydatif, avec une augmentation du contenu en ARNm de COXII, COX IV et de l'ATP synthase, du cyt c, de la

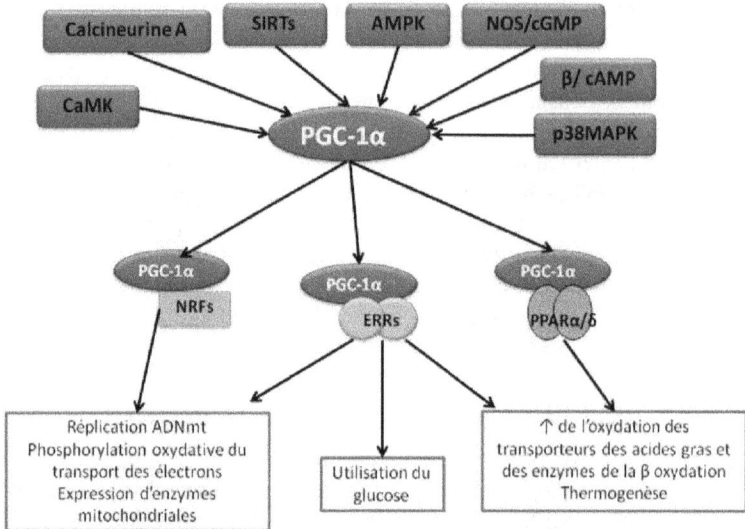

Figure 2: Représentation schématique des voies de signalisation de la régulation de la biogénèse mitochondriale.

PGC-1α joue un rôle de centrale intégrative dans la cascade de régulation transcriptionnelle en amont de la biogénèse mitochondriale. Outre PGC-1α, les ERRs participent également à ce processus en ayant une action à la fois sur des gènes impliqués dans la biogenèse mitochondriale (Wu et al., 1999), la néoglucogenèse (Yoon et al., 2001), la phosphorylation oxydative via leur rôle sur les cibles des NRFs (Mootha et al., 2004) et aussi le métabolisme des acides gras (Huss et al., 2004). Enfin, les PPAR sont nécessaires à l'homéostasie lipidique et participent à l'activation des processus glycolytiques (Burkart et al., 2007). SIRT : Sirtuin, ERR : estrogen related receptor. Modifié, D'après Ventura-Clapier et al., 2008.

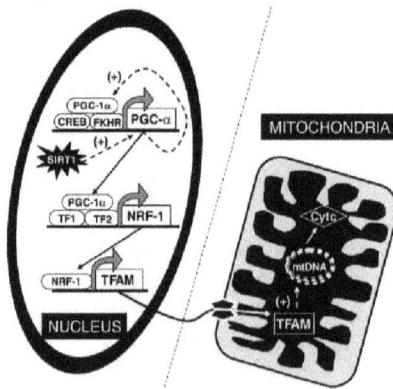

Figure 3: La régulation de la biogénèse mitochondriale est coordonnée par le génome mitochondrial & nucléaire.

La transcription est sous le contrôle du facteur mitochondrial TFAM. Ce facteur d'origine nucléaire participe au maintien de la stabilité de l'ADNmt. Au niveau de l'ADN nucléaire, la régulation de la transcription se fait par interaction du co-activateur PGC-1α avec différents ligands spécifiques tels que les NRFs. D'après Vina et al, 2009.

myoglobine (Lin et al., 2002), du contenu en protéine de COX I (Wenz et al., 2009) et de l'activité de la citrate synthase (Calvo et al., 2008).

En accordance avec ces résultats, des souris KO PGC-1α ou muscles spécifiques KO (MKO) présentent une diminution du contenu en ARNm et/ou protéines de la chaîne respiratoire mitochondriale et de l'ATP synthase (Handschin et al., 2007a; Leone et al., 2005; Lin et al., 2004). Globalement, toutes ces études démontrent une diminution du pool mitochondrial, de la respiration mitochondriale dans les muscles KO PGC-1α comparés aux wild type (WT).

Outre l'impact majeur de PGC-1α dans la régulation des protéines du métabolisme mitochondrial dans le muscle squelettique, PGC-1α est connu aussi pour co-activer un large panel de facteur de transcription incluant les PPARs, les NRFs, MEFs, ERR (Kelly and Scarpulla, 2004), et possède ainsi de multiples fonctions dans la cellule musculaire **(Figure 2)**.

1.1.2. Facteurs d'activation de PGC-1α

En réponse à de nombreux stimuli, la cellule musculaire est capable, en activant la biogénèse mitochondriale d'adapter sa capacité énergétique et donc sa fonction mitochondriale. Les travaux actuels convergent sur le fait que, quelque soit le stimulus extracellulaire, PGC-1α est nécessaire à l'activation de la biogénèse mitochondriale. Si le froid a été le premier stimulus connu induisant l'activation de PGC-1α, aujourd'hui de nombreux autres facteurs d'activations ont été identifiés. L'hypoxie (Rasbach et al., 2010), la restriction calorique, le stress thermique, l'exposition à certains facteurs hormonaux, le stress adrénergique sont des facteurs environnementaux activant PGC-1α. Mais l'un des plus puissants activateurs est l'exercice physique **(Figure 4)**. Depuis les années 60', l'exercice est reconnu comme un stimulus permettant d'augmenter au niveau musculaire l'activité et la quantité des mitochondries (Holloszy, 1967).

Ainsi, pour ne citer qu'une référence, une augmentation transitoire de PGC-1α aussi bien au niveau de l'expression qu'au niveau transcriptionnel a été mise en évidence dans la première heure de récupération dans le muscle squelettique humain en réponse à un exercice prolongé (exercice d'une heure sur ergocycle à 70% de l'intensité maximum, 5 jours par semaine pendant 4 semaines) (Pilegaard et al., 2003). Mais un simple exercice aigu stimule également la transcription et le contenu en ARNm dans le muscle squelettique. Ainsi, le contenu en ARNm de PGC-1α augmente après un simple exercice en endurance de nage (Deux sessions de 3h séparés par 45 min de récupération) chez le rat (Baar

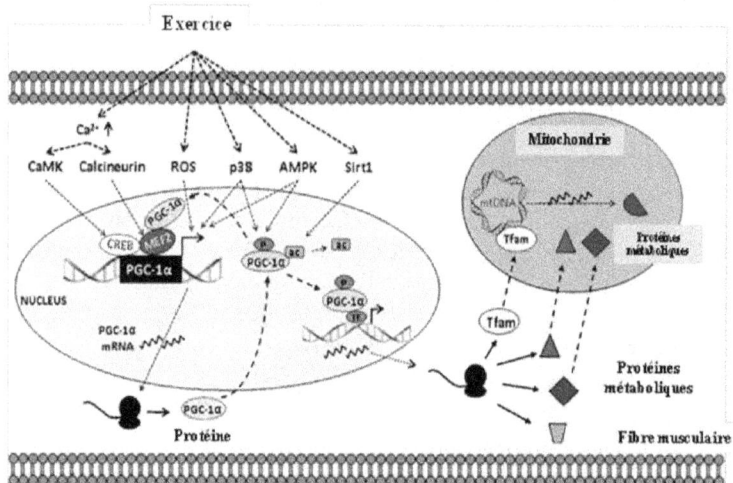

Figure 2: Voies de signalisation régulées par l'exercice et participant à l'activation de PGC-1α.
Cette figure résume les différentes voies signalétiques (calcique, ROS, p38, AMPK et Sirt1) qui concourent à l'augmentation de l'expression de PGC-1α via l'exercice. Ces voies contrôlent ainsi la régulation via PGC-1α des gènes codant pour des protéines métaboliques mitochondriales et TFAM. Ces dernières transloquent dans la mitochondrie pour réguler les protéines métaboliques mitochondriales. CAMK: Ca2+/ calmodulin-dependent protein kinase, ROS: reactive oxygen species, p38 MAPK, AMPK: AMP protein kinase, Sirt1: sirtuin 1, CREB cAMP response element binding, MEF2: myocyte enhancing factor 2, P: phosphorylation, ac: acetylation, TF: transcription factor, mtDNA: mitochondrial DNA. D'après Olesen et al, 2010.

et al., 2002). D'un point de vue pharmacologique, il n'existe pas encore de molécule permettant d'activer spécifiquement PGC-1α.

1.1.3. Voie de signalisation de PGC-1α

Le calcium comme messager dans la régulation de PGC-1α

Plusieurs stimuli initiateurs et voie signalétiques intracellulaires contribuent à participer à l'activation de PGC-1α suite à un exercice. Un effet majeur de l'exercice physique est la perturbation de l'homéostasie calcique et par conséquent, l'activation des voies cellulaires dépendantes du calcium. En effet, l'augmentation de l'activité contractile se traduit par une élévation transitoire et répétitive de la concentration intracellullaire de calcium dont l'intensité et la fréquence dépendent du type d'exercice. Cette variation cyclique de concentration active deux groupes d'enzymes régulant le niveau de phosphorylation/déphosphorylation : la Calcium calmoduline dépendante kinase (CaMK) et la phosphatase dépendante du calcium, la calcineurine A (CnA) (**Figure 4**). CaMK et CnA contrôlent l'expression de PGC-1α dans le muscle en activant son promoteur (Schaeffer et al., 2004). Ainsi, la CaMK régule PGC-1α via l'activité transcriptionnelle du CREB (cAMP response element-binding) en se fixant sur les éléments de réponse (CRE) du promoteur de PGC-1α (Akimoto et al., 2004). La calmoduline possède également un rôle dans le métabolisme énergétique glucidique en se liant à la phosphorylase kinase afin d'activer la glycogénolyse via MEF2 et l'activation du transporteur du glucose GLUT4. La CnA, suite à des variations de concentration en Ca^{2+} intracellulaire de longues durée et de basse amplitude (exercice endurant), déphosphoryle les facteurs de transcription de la famille NFAT, activant la transcription des gènes cibles. La voie de la calcineurine-NFAT joue un rôle déterminant dans le phénotype contractile musculaire, en orientant la fibre vers un phénotype lent. De plus, au même titre que NFAT, les facteurs de transcription de la famille MEF2 (myocyte enhancer factor 2) (McKinsey et al., 2002) et HDACs (histone deacetylases) représentent une cible de la CnA (Wu et al., 2001). L'activation de MEF2 conduit à une up-régulation de PGC-1α (Handschin et al., 2003). La suppression de MEF2 chez la souris conduit à des perturbations de la structure mitochondriale et une diminution du nombre de mitochondrie (Naya et al., 2002).

Autres messagers de la régulation de PGC-1α

A l'exercice, l'augmentation de la capacité oxydative de la mitochondrie provoque une augmentation de sa **production d'EORs**. PGC-1α est capable de contrôler la réponse cellulaire suite à un stress

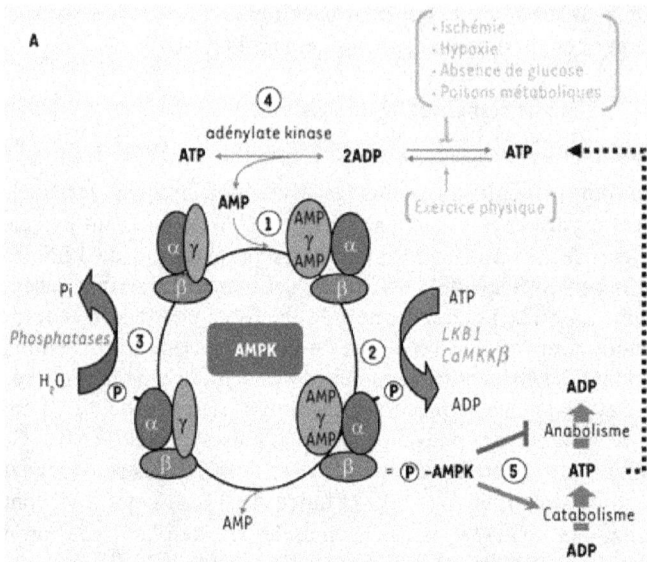

Figure 3: Régulation et activation d'AMPK.
AMPK est activée de façon allostérique par l'AMP et inhibée par l'ATP par compétition pour un même site de fixation sur la sous-unité régulatrice γ de l'AMPK (1). La liaison de l'AMP favorise la phosphorylation de la sous-unité catalytique α au niveau de son résidu Thr172 par les protéines kinases (LKB1 et CaMKK β) (2). La liaison de l'AMP protège également l'AMPK d'une déphosphorylation par les protéines phosphatases (3). C'est l'augmentation du rapport AMP/ATP qui détermine l'activation de l'AMPK en réponse à un stress énergétique comme la restriction calorique ou l'exercice physique. Les rapports ATP/ADP et ATP/AMP sont alors automatiquement modifiés par l'intervention de l'adénylate kinase (4). Une fois activée, l'AMPK favorise les réactions métaboliques génératrices d'ATP et réduit les voies anaboliques consommatrices d'ATP (5). D'après Foretz et al. 2006.

oxydant (St-Pierre et al., 2006). L'augmentation des EORs suite à l'induction d'un stress oxydant régule les protéines de la chaîne respiratoire et les enzymes anti-oxydantes mitochondriales via PGC-1α. En effet, dans un modèle de souris KO PGC-1α, il a été montré une diminution au niveau transcriptionnel et traductionnel des enzymes anti-oxydantes superoxide dismutase (SOD1 et 2) et de la glutathione peroxidase (GPx) ainsi que du contenu en protéine de SOD2. Et inversement, cette même étude a montré qu'une surexpression de PGC-1α dans le muscle augmente l'expression de la protéine SOD2 (Wenz et al., 2009). Dans leur ensemble, ces résultats suggèrent que PGC-1α régule la balance rédox en jouant notamment sur les défenses anti-oxydantes.

L'activation de la **voie de p38MAPK** (mitogen activated protein kinase) dans le muscle squelettique augmente également l'expression de PGC-1α (Puigserver et al., 2001, **Figure 4**). PGC-1α n'est pas seulement régulé par des changements d'expression mais également par différentes modifications incluant la phosphorylation, acétylation, méthylation et ubiquitination (Dominy et al., 2010; Jäger et al., 2007; Rodgers et al., 2008). Des expériences in vitro montrent que p38MAPK phosphoryle PGC-1α sur trois différents résidus résultant en une protéine plus stable et plus active (Puigserver et al., 2001). Les effets de **l'oxyde nitrique (NO)** sur la biogénèse mitochondriale sont connus depuis peu. En effet, plusieurs études ont montré que le traitement de cellules avec du NO augmente les marqueurs de masse mitochondriale, et démontrent donc une induction de la biogénèse mitochondriale. L'activation du NO (via la CaMK) engendre la production de la guanylate cyclase (GC) qui génère de la GMPcyclic (GMPc), qui à son tour active une protéine kinase A (PKA). PKA phophoryle CREB1 permettant l'activation de PGC-1α. (Lira et al., 2010; pour revue Tengan et al., 2012). De plus, l'augmentation du NO active le transport du glucose via la voie du GMPc et d'AMPK, accentuant l'activation de PGC-1α. Les observations de Lira et al, ont suggéré l'existence d'une boucle de régulation positive entre la production du NO et l'activation d'AMPK impactant sur l'expression de PGC-1α et des gènes mitochondriaux comme GLUT4 (Lira et al., 2007, 2010). La désacétylation de PCG-1α par **SIRT1** participe également à la biogenèse mitochondriale suscitée par l'exercice physique dans le muscle squelettique (Gurd, 2011). Il a été mis en évidence un interaction directe entre PGC-1α et Sirt1 (Nemoto et al., 2005). Enfin, l'activité de PGC-1α dépend également de l'énergie disponible, cette voie passe par l'intermédiaire de la stimulation d'AMPK (Jäger et al., 2007). Enzyme incontournable dans la régulation du métabolisme énergétique, AMPK joue un rôle important dans la biogénèse

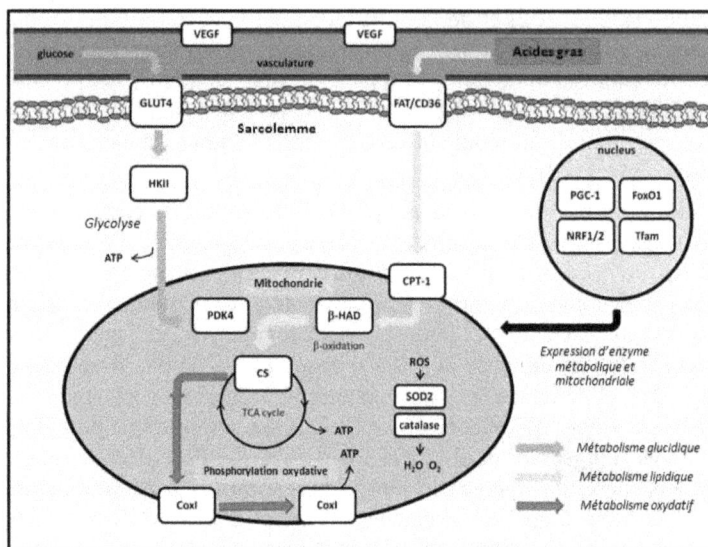

Figure 4: Représentation schématique des cibles de l'AMPK au niveau de la cellule musculaire.
AMPK régule l'expression de gènes impliqués dans l'angiogénèse (VEGF), le transport des substrats à travers le sarcolemme (GLUT4 et FAT/CD36) et des enzymes clés des voies métaboliques de l'oxydation des substrats (HKII, B-HAD, CS…). La réponse de la stimulation de ces gènes est l'augmentation de la capacité de production d'ATP. β-HAD, β-hydroxyacyl-CoA dehydrogenase; HKII, hexokinase II; PDK4, pyruvate dehydrogenase kinase 4; ROS, reactive oxygen species; SOD2, superoxide dismutase 2; TCA, tricarboxylic acid; VEGF, vascular endothelial growth factor. D'après McGee 2010.

mitochondriale. Ses interactions avec la mitochondrie, les processus de régulation de cette enzyme sont ainsi présentés.

1.1.4. AMPK et mitochondrie

AMPK: Une kinase au carrefour du métabolisme énergétique

5' adenosine monophosphate-activated protein kinase ou AMPK est une enzyme ayant un rôle primordial dans l'homéostasie énergétique de la cellule. Elle est exprimée dans un grand nombre de tissu, incluant le foie, le cerveau et surtout le muscle squelettique. C'est un complexe hétérotrimérique, comportant trois sous-unités, formant ensemble une enzyme fonctionnelle et conservée de la levure jusqu'à l'homme. Elle comporte une sous-unité catalytique α et deux sous-unités régulatrices β et γ. L'activité d'AMPK est contrôlée de manière extrêmement sensible en réponse à de faibles variations de concentration intracellulaire d'AMP et d'ATP (**Figure 5**).

AMPK est une protéine **senseur du métabolisme** (Hardie & Hawley, 2001) sensible au statut énergétique de la cellule, qui s'active selon les variations du ratio AMP/ATP. Quand elle est phosphorylée, elle active toute une batterie de gènes au niveau de la mitochondrie, impliqués dans le métabolisme aérobie permettant l' augmentation de l'oxydation du glucose et des acides gras ainsi que l'augmentation de la production d'ATP (Merrill et al., 1997; Steinberg et al., 2006). C'est un senseur métabolique du déficit énergétique musculaire. AMPK joue un rôle à la fois dans le métabolisme des substrats glucidiques et lipidiques. Au niveau du métabolisme du glucose, AMPK inhibe la glycogène synthase et augmente la captation du glucose. Au niveau du métabolisme des acides gras, elle diminue la synthèse de Malonyl coA et lève l'inhibition de l'entrée des acides gras dans la mitochondrie (**Figure 6**).

De plus, la voie signalétique de l'AMPK coordonne la croissance cellulaire, le métabolisme énergétique et l'autophagie (pour revue Mihaylova and Shaw, 2011), elle a un rôle important dans le métabolisme des protéines. En effet par son action sur le complexe mTOR, AMPK joue un rôle important dans la mise en place du processus de survie cellulaire, l'autophagie (processus décrit précisément dans la seconde partie de cette revue de littérature) et par son action sur FOXO3, AMPK impacte sur la dégradation protéique et l'atrophie musculaire. Par exemple, l'inactivité peut induire un stress énergétique mitochondrial et active la protéolyse via l'axe AMPK-FOXO3 (Romanello et al., 2010). Spécifiquement, l'augmentation de l'activité cellulaire d'AMPK résulte en une activation du facteur de transcription FOXO3, et augmente l'expression d'atrogin-1,

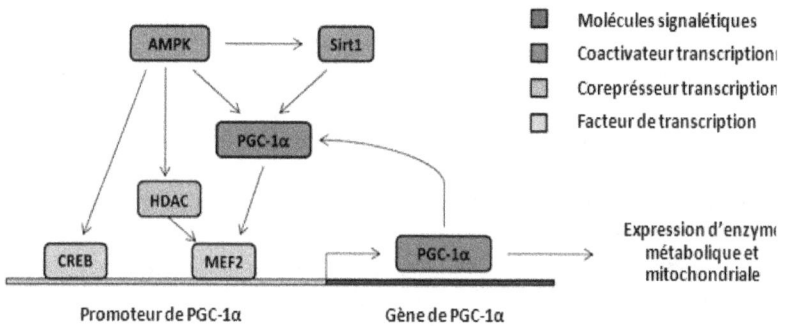

Figure 5: AMPK contrôle plusieurs acteurs de la boucle de régulation de PGC-1α.
AMPK phosphoryle PGC-1α sur les résidus Thr177 et Ser538 et active Sirt1 en augmentant les concentrations de NAD. La phosphorylation de PGC-1α amorce sa déacetylation par Sirt1, qui augmente l'activité transcriptionnelle de PGC-1α, de telle sorte qu'il active le co-facteur de transcription MEF2, ce qui accroît l'expression de son gène. De plus, AMPK phosphoryle HDAC5 sur les Ser259 et Ser498 ainsi que CREB sur Ser133. Tous ensemble, ces facteurs potentialisent l'expression de PGC-1α. D'après McGee, 2010.

MuRF-1, LC3, et Bnip3 (Greer et al., 2007). Atrogin-1 et MuRF-1 sont des E3-ligases spécifiques du muscle qui jouent un rôle majeur dans la dégradation des protéines contractiles via le système ubiquitine-protéasome. LC3 et Bnip3 sont impliqués dans l'autophagie. Par conséquent, l'activation de l'AMPK joue également un rôle dans la dégradation protéique via FOXO3 et le système ubiquitine-protéasome et l'autophagie. Mais revenons plus en détail sur un de ses rôles primordiaux qui est son action sur la biogenèse mitochondriale. En utilisant des myotubes de souris KO PGC-1α, Jager et al ont montré que les effets d'AMPK sur l'expression des transporteurs GLUT4, sur la transcription des gènes mitochondriaux, et l'expression même de PGC-1α sont hautement dépendant du niveau de phosphorylation de PGC-1α. En effet, AMPK phosphoryle directement PGC-1α à la fois *in vitro* et *in vivo*. Cette phosphorylation directe de la protéine PGC-1α sur la thréonine177 et la serine 538 sont nécessaires pour l'induction du promoteur de PGC-1α (Jäger et al., 2007). Ainsi, AMPK peut à la fois augmenter l'expression et l'activité de PGC-1α grâce à son action de phosphorylation sur différents sites cible, menant à une protéine plus active. Comme le montre la **figure 7**, AMPK régule PGC-1α par différentes boucles de régulation. Les sirtuines ont été montré comme intervenant dans une de ces boucles. Elles font parties de la famille des désacétylases d'histone NAD-dépendantes et Sirt1 (nucléaire) et Sirt3 (mitochondriale) ont été étudié dans le muscle par leur fonction sur le métabolisme. En effet, en condition de stress cellulaire, Sirt3 régule l'activité des mitochondries, sous l'action de FOXO3, en augmentant la transcription de l'ADNmt via TFAM (Jacobs et al., 2008). Enfin, la famille des gènes des sirtuines et celle de FOXO sont aujourd'hui reconnues pour leur rôle dans la régulation génétique de la longévité (Kaeberlein et al., 2002).

Régulation physiologique d'AMPK

Dans l'optique d'augmenter la biogénèse mitochondriale, l'activation d'AMPK est largement utilisée pour stimuler la voie de PGC-1α. L'activité d'AMPK est contrôlée de manière extrêmement sensible en réponse à de faibles variations de concentration en nucléotides intracellulaires et plus particulièrement de l'AMP. Les cellules musculaires doivent maintenir une balance énergétique positive et stable, caractérisée par un rapport ATP/ADP élevé (ratio 10/1). Lorsque cette balance énergétique est perturbée par un facteur environnemental, la production d'ATP chute. L'activation d'AMPK est déterminée alors par l'augmentation du rapport AMP/ATP, en réponse aux épisodes de stress énergétique comme l'absence de glucose, l'ischémie ou l'hypoxie. Mais un des puissants activateurs reste l'exercice physique. En effet, l'activation d'AMPK par l'AMP est fonction

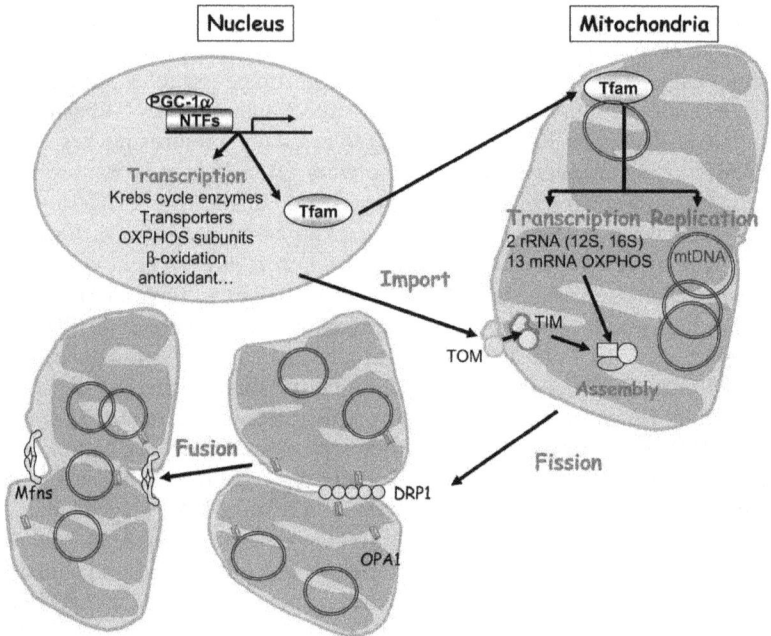

Figure 6: Représentation schématique de la biogénèse mitochondriale.

PGC-1α active les facteurs de transcription nucléaire (NTFs) amenant à la transcription de protéines codées par le noyau et le facteur de transcription mitochondrial Tfam. Ce dernier active la transcription et la réplication du génome mitochondrial. Les protéines mitochondriales provenant du génome nucléaire sont transportées dans la mitochondrie grâce à des transporteurs de la membrane mitochondriale externe (TOM) et interne (TIM). Les protéines nucléaires et mitochondriales des sous unités de la chaine respiratoire sont alors assemblées. La fission mitochondriale, réalisée par la protéine de la membrane mitochondriale externe DRP1 (dynamin-related protein 1) et celle de la membrane interne OPA1, permet à la mitochondrie de se diviser, alors que les mitofusines (Mfns) contrôlent la fusion mitochondriale. OXPHOS: oxidative phosphorylation. D'après Ventura-Clapier 2008.

de l'intensité de l'exercice (Park et al., 2002). Chez le rat, suite à des stimulations électriques du gastrocnémius de plus en plus intenses, la concentration d'AMP est augmentée ainsi que l'activité d'AMPK. Chez l'homme, Chen et al ont également montré, sur ergocycle, qu'à moyenne ou haute intensité d'exercice, l'activité d'AMPK est supérieure à celle observée pour un exercice de basse intensité (Chen et al., 2003).

Régulation pharmacologique de l'AMPK

Outre l'élévation physiologique du ratio AMP/ADP, AMPK peut être activée en réponse à différents agents pharmacologiques mimétiques de l'exercice. Compte tenu des effets bénéfiques de l'exercice sur de nombreuses pathologies chroniques, caractérisées par une diminution du métabolisme aérobie, ces molécules suscitent un immense intérêt thérapeutique. La metformine, une molécule utilisée dans le traitement de diabète de type 2, active l'AMPK, de façon dépendante de LKB1 (Zhou et al., 2001), une protéine kinase régulant l'AMPK. L'AICAR (5-aminoimidazole-4-carboxamide-1-β-D-ribofuranoside), est un autre agoniste de l'AMPK. C'est un précurseur du ZMP (5-amino-4-imidazolecarboxamide ribotide), agissant comme un mimétique de l'AMP et se liant à la sous unité régulatrice γ de l'AMPK (Hardie, 2007). Perméable à la cellule, l'AICAR peut être utilisé pour stimuler indirectement PGC-1α par l'intermédiaire d'AMPK. Par le biais de PGC-1α, les facteurs de transcription activés permettent l'augmentation d'ADN et d'enzymes mitochondriales. Ainsi, l'équipe de Winder a démontré que l'AICAR augmente l'activité de l'AMPK, l'oxydation des acides gras et la captation de glucose dans le muscle de rat (Merrill et al., 1997). De plus, cette même équipe a montré qu'un traitement de 4 semaines à l'AICAR induit une augmentation de l'activité des enzymes mitochondriales (Citrate Synthase, Cytochrome c, Succinate déshydrogénase, Malate DH...) chez le rat (Winder et al., 2000). Enfin, récemment, Narkar et al. (2008) ont effectué sur des souris sédentaires un traitement de 4 semaines à l'AICAR. Leur endurance sur tapis roulant, fut augmentée de 44% et associée à une augmentation de la phosphorylation d'AMPK et d'autres gènes du métabolisme oxydatif (Narkar et al., 2008). Ces mêmes auteurs, ont montré qu'un activateur de PPARgamma (facteur transcriptionnel associé à PGC-1α), seul, augmentait l'expression de gènes oxydatifs musculaires mais non l'endurance chez une souris sédentaire, alors qu'en l'associant avec l'entraînement, une augmentation de 70% de l'endurance est observée. Ces différentes études indiquent dans leur ensemble que PGC1-α joue un rôle central, permettant la stimulation d'un grand nombre de facteurs transcriptionnels, tous impliqués à un niveau spécifique du métabolisme

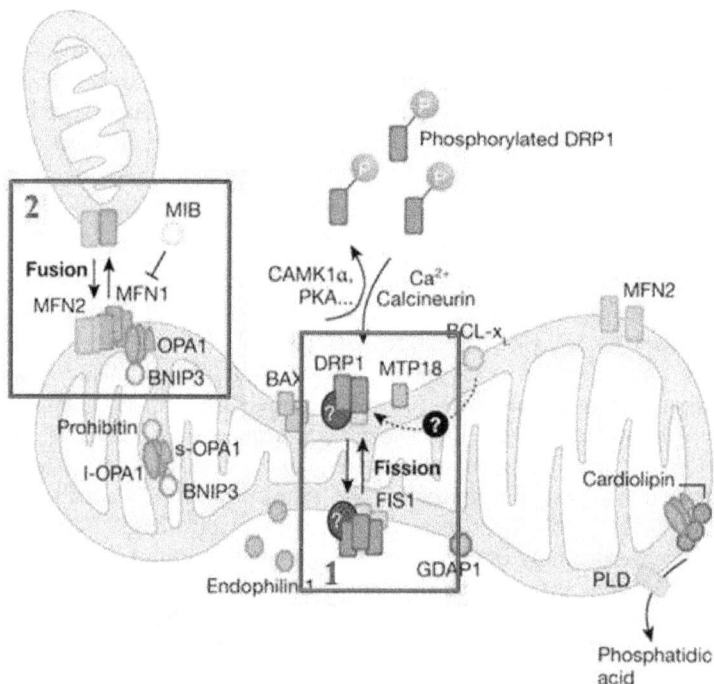

Figure 7: Dynamique de la fission et fusion mitochondriale.
Cette figure présente les principales protéines impliquées dans les processus de fission (FIS1, DRP1…) (Encadré 1) et de fusion (MFN, OPA1…) (Encadré 2). **Fission** : Une fois déphosphorylé, DRP1 est recruté au niveau de la membrane mitochondriale externe par FIS1 ou d'autre composant encore inconnus. L'oligomérisation de DRP1 est suivi par une constriction de la membrane puis de la fission mitochondriale. **Fusion** : Les protéines pro-fusionnelles (MFNs à la MME et OPA1 pour la MMI) oligomérisent pour induire la fusion des membranes. D'autres composants du processus sont montrés sur cette figure. BAX, BCL2-associated X protein; BNIP3, BCL2/E1B 19 kDa-interacting protein 3; CAMK1a, calcium/calmodulin-dependent protein kinase 1a; DRP1, dynamin-related protein 1; FIS1, fission protein 1; GDAP1, ganglioside-induced differentiation-associated protein 1; OPA1, opticatrophy 1; l-OPA1, long form of OPA1; ; s-OPA1: short form of OPA1; MFN, mitofusin; MIB, mitofusin-binding protein; MTP18, mitochondrial protein 18 kDa; PKA, protein kinase A; PLD, phospholipase. D'après Campello & Scorrano, 2010.

aérobie, et dont le résultat final est une augmentation globale du métabolisme aérobie. L'exercice par son effet stimulant sur l'activité de PGC1-α pourrait avoir un effet important de potentialisation des différents agents pharmacologiques utilisés pour stimuler le métabolisme aérobie.

Enfin, il existe d'autres activateurs pharmacologiques directs de l'AMPK comme le composé Abbot A769662, ou des composants naturels, comme le resveratrol connu pour activer l'AMPK par la voie des Sirtuines (Um et al., 2010).

Après cette synthèse sur la biogénèse mitochondriale, il est intéressant de souligner que ce processus n'est rendu possible que lorsque les processus de la dynamique mitochondriale sont opérationnels. En effet, une mitochondrie ne peut se multiplier sans ses capacités de fusion-fission, que nous détaillons dans le chapitre suivant.

1.2.Réseau mitochondrial : phénomène de fusion et de fission

Les mitochondries sont des organites dynamiques et polyvalents formant un véritable réseau mitochondrial au sein de la cellule musculaire. Plusieurs protéines du cytosquelette (actine, desmine, vimentine, tubuline, etc.) sont connues pour être impliquées dans le maintien de la disposition spatiale des mitochondries ainsi que dans le contrôle de la morphologie et dans les mouvements mitochondriaux durant le cycle de contraction-relaxation (Leterrier et al., 1994; Rappaport et al., 1998). La fonctionnalité de ce réseau, dont la morphologie est complexe (localisation, taille, distribution au sein de la cellule) (Frey and Mannella, 2000), est contrôlée par une famille de protéine, les « mitochondrial-shaping proteins », modulant la balance entre fusion et fission des mitochondries (Bereiter-Hahn and Vöth, 1994; Okamoto and Shaw, 2005) (**Figure 8 et 9**). Sujet actuel de recherche en plein essor, de nombreuses protéines de ce complexe continuent d'être découvertes. De plus, dans les dernières années, il a été mis en évidence que la distribution mitochondriale dans ce réseau joue un rôle crucial dans la physiologie de la cellule (Cereghetti and Scorrano, 2006) impactant la signalisation calcique (Szabadkai et al., 2004), la production d'espèce oxygénées réactives (Yu et al., 2006), ou encore la plasticité neuronale (Li et al., 2004) et l'atrophie musculaire (Romanello et al., 2010).

Dans le muscle squelettique, au niveau même de l'organite, la morphologie mitochondriale peut être altérée durant son développement et dans diverses conditions pathologiques, incluant le diabète et l'obésité et impacter le réseau mitochondrial du tissu (Bach et al., 2003). Les changements morphologiques du réseau sont alors orchestrés par une

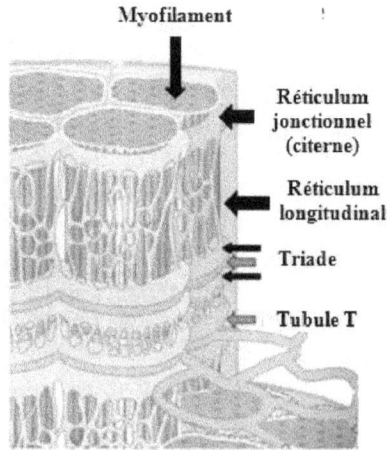

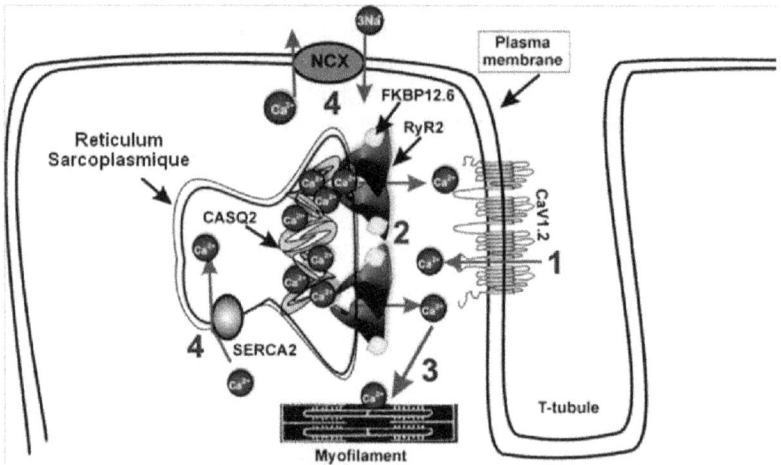

Figure 8: Représentation structurale du RS (A) et rôle des récepteurs calciques dans le processus *calcium-induced calcium release* (B).
Après entrée du calcium à travers le canal voltage dépendant (CaV1.2 ou DHPR) (1), les récepteurs RyRs sont activés au niveau du RS (RyR2 : isoforme du cœur) (2) et le calcium est libéré dans le cytoplasme pouvant être capté par les myofilaments pour la contraction (3). Après l'activation des ponts actine-myosine, le calcium est recapté du cytosol via les SERCA sur le RS ou échanger Na/Ca (NCX) sur la membrane plasmique (4). Le calcium est séquestré au sein du RS via des protéines chaperonnes comme CASQ2: calsequestrine. D'après Mohamed et al., 2007.

34

balance entre des évènements de fusion et de fission mitochondriale. Romanello et al. ont montré que le remodelage et la fission mitochondriale contribuent à l'atrophie musculaire via l'activation du système autophagie-lysosome et du système ubiquitine-protéasome. En effet, grâce à des modèles in vivo (transfection de plasmide), ils ont montré que le réseau mitochondrial est altéré lors d'une atrophie induite par l'activation en amont de la protéine FoxO (Romanello et al., 2010). Récemment, Hood et al ont mis en évidence chez le rat, qu'une activité contractile chronique permettait d'augmenter la taille du réseau mitochondrial avec une augmentation concomitante des protéines de fusion OPA1 et MFN2. A l'inverse, une dénervation de 7 jours peut induire une fragmentation des mitochondries avec une diminution de ces protéines. L'âge peut être également associé à une diminution du ratio des protéines de fusion/fission chez des rats indiquant une augmentation de la fragmentation des mitochondries (Iqbal et al., 2013).

De plus, par son réseau mitochondrial, la mitochondrie entretient des liens étroits avec le réticulum sarcoplasmique. Lors de la contraction musculaire, la machinerie contractile s'initie grâce aux raccourcissements des sarcomères. Unité fonctionnelle des muscles squelettiques, les sarcomères sont le lieu de la transduction chimique du signal nerveux en énergie mécanique contractile, sous la médiation du calcium essentiellement. Le réticulum sarcoplasmique est chargé de contrôler la séquestration, le relargage et la distribution du calcium à la fibre, sous l'influence de la propagation du potentiel d'action. Toute dérégulation de l'homéostasie calcique intracellulaire aura ainsi des répercussions fonctionnelles au niveau musculaire. Ainsi, la mitochondrie se retrouve au centre de ces répercussions puisque par ces liens avec le réticulum sarcoplasmique, elle intervient pleinement dans la régulation de l'homéostasie calcique.

1.3. Calcium et Mitochondrie

Des études récentes sur différents tissus, notamment le muscle squelettique, ont proposé que la mitochondrie pourrait servir de **tampon calcique** pour la cellule (Drago et al, 2012). Les premiers travaux sur la biologie de la mitochondrie ont suggéré le rôle essentiel du calcium comme régulateur de la fonction mitochondriale (Carafoli and Lehninger, 1971; Vasington & Murphy, 1962). Le calcium est nécessaire dans le métabolisme oxydatif. Intervenant au niveau du cycle de Krebs et de l'ATP synthase, la formation d'ATP varie selon les concentrations en $[Ca^{2+}]_m$ (Hansford and Zorov, 1998).

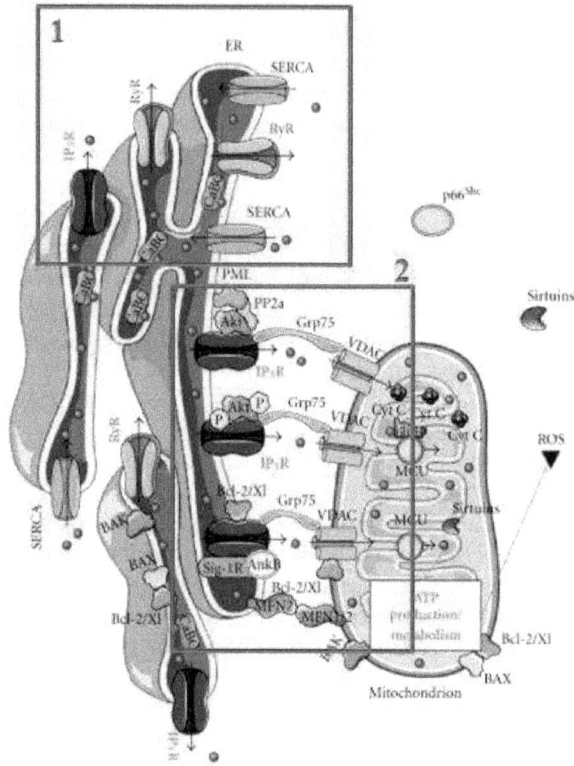

Figure 9: Acteurs clefs de la régulation du calcium via les connections mitochondrie-réticulum.

Dans les conditions physiologiques, le transport du calcium du RS par différents composants régule étroitement la fonction mitochondriale et la bioénergétique. Le calcium du RS est régulé par des pompes et canaux (IP3Rs, RyRs, SERCAs) et par des protéines chaperones (Ca2+-binding chaperones, CaBCs) **(1)**. L'IP3 stimule la libération de Ca^{2+} par le RS et consécutivement le transfert du Ca^{2+} vers la mitochondrie grâce aux mitochondrial associated proteins, les MAMs **(2)**. Le Ca^{2+} mitochondrial, transporté via VDAC, est impliqué dans le métabolisme énergétique cellulaire et dans une production secondaire de ROS. On peut noter que les propriétés de flux calciques de IP3R sont finement et dynamiquement régulées par des protéines impliquées dans la mort et la survie cellulaire comme Bcl-2, Bcl-Xl, PKB/Akt, Sigma-1 receptor (Sig-1R)/Ankyrin B (AnkB). D'après Decuypere, 2011.

Dans le muscle squelettique, les études s'intéressent en grande partie au lien entre réticulum sarcoplasmique (RS), citerne calcique de la cellule, et mitochondrie. Il est tout d'abord nécessaire d'aborder la régulation de l'homéostasie calcique dans la cellule pour mieux comprendre l'impact de la mitochondrie, par ses liens avec le RS, sur cette régulation.

1.3.1. Régulation Ca^{2+} cytosolique

La concentration du Ca^{2+} cytosolique $[Ca^{2+}]c$ est faible (100nM) comparée à celle extrêmement élevée dans la lumière du RS (100-500µm). Ainsi, la $[Ca^{2+}]c$ est finement régulée, pour une contraction optimale, par différents acteurs dont le principal est le RS.

Le RS est un organite intracellulaire crucial dans les mouvements de Ca^{2+} au sein de la cellule, il est l'un des acteurs principaux du couplage excitation-contraction de la fibre musculaire en étant le siège du phénomène « Ca^{2+} induced Ca^{2+} release » (**Figure 10**). Il existe 2 types de RS au sein de la cellule musculaire, le RS jonctionnel (*cisternea*) et le RS longitudinal. Le premier est le lieu de stockage de Ca^{2+}, notamment par le biais de la protéine calsequestrine (protéine liant le calcium au sein du RS). Cette dernière peut être associée au récepteur à la Ryanodine (Ryr) situé sur la membrane du RS, acteur majeur dans la libération de Ca^{2+} par le RS. Le RS longitudinal est un réseau fin qui court le long des myofibrilles, il a un rôle majeur dans la relaxation musculaire par la présence des pompes SERCA (Sarcoplasmique Reticulum Ca^{2+}-ATP ase) (**Figure 10**).

1.3.2. Relation Réticulum Sarcoplasmique-Mitochondrie

Dans le muscle squelettique, les études s'intéressant aux relations entre calcium et mitochondrie, se concentrent naturellement sur le lien entre réticulum sarcoplasmique, et mitochondrie. On retrouve en effet une population importante de mitochondries localisée près des stries Z et adjacentes aux citernes terminales du RS (Ogata and Yamasaki, 1985). Cette localisation rend les mitochondries proches des sites de libération du calcium. Dès 1969, Ruby et al., avait mis en évidence des points de contact entre mitochondrie et réticulum endoplasmique (Ruby et al., 1969) dont on parlera précisément dans la partie 2.3.2. (**Figure 19**). L'espace entre ces points de contact est inférieur à 100nm. Il a même été suggéré que la membrane externe de la mitochondrie pourrait provenir du RE sachant que 20% de la surface mitochondriale est en contact direct avec le RE (Rizzuto et al., 1998). Les protéines permettant de créer ses ponts entre mitochondries et RS font parties des MAMs (Mitochondrial Associated Membranes proteins) (**Figure 11 et 19**). En 1985, Sembrovich et al, ont

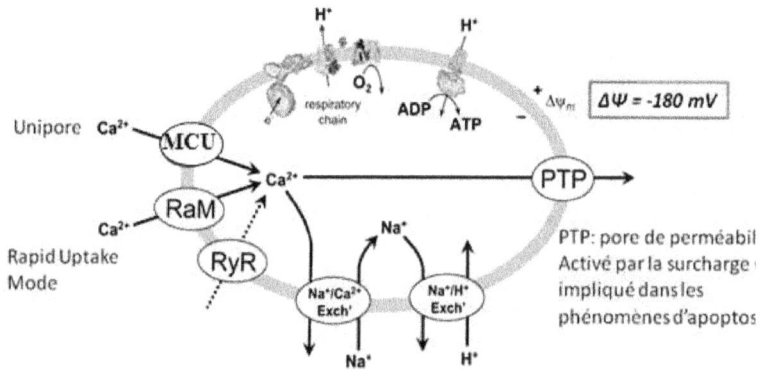

Figure 10: Voie mitochondriale de l'import et de l'export du calcium dans la mitochondrie.

La chaîne respiratoire est représentée (avec les complexes I, III, IV, V). La MME et le complexe II ne sont pas représentés. MCU: L'uniport mitochondrial de calcium, RaM : Rapid Mode Calcium Uptake, Ryr: Ryanodine Receptor, PTP: permeability transition pore. Na^+/Ca^+ Exch : Na^+/Ca^+ exchanger. D'après Brookes et al., 2004.

démontré que le captage du calcium par la mitochondrie pourrait intervenir lors de la relaxation musculaire, et notamment dans les muscles lents (Sembrowich et al., 1985). Cette théorie a été confirmée plus tard par Gillis et al, qui ont mis en évidence une altération du processus de relaxation du muscle en présence d'inhibiteurs des canaux calciques de la mitochondrie (Ruthenium Red) (Gillis, 1997). Bruton et al en 2003, ont montré une élévation du transitoire de la concentration en calcium mitochondrial à la suite de contractions tétaniques répétées. En raison du rôle important de ces interactions, notamment dans la mort cellulaire via la perturbation de l'homéostasie calcique, nous développerons cette partie plus en détail dans la partie II. En effet, les liens RS-mitochondrie sont extrêmement finement régulés, et l'analyse de la littérature scientifique indique un intérêt grandissant durant ces dernières années dans ce domaine (**Figure 11**).

1.3.3. La mitochondrie comme organite régulateur du Ca^{2+} cytosolique

Bien que la question du rôle de la mitochondrie dans la régulation du calcium intracellulaire a suscité le débat (O Rourke B, 2009), cette fonction est maintenant largement admise, et notamment dans le cardiomyocyte (Joiner et al., 2012). La plupart des effets du calcium sur la mitochondrie nécessite son passage à travers la double membrane mitochondriale.

La machinerie du transport du calcium dans la mitochondrie n'est pas encore totalement élucidée. Les travaux sur ce sujet tendent vers l'implication déterminante dans l'accumulation du calcium mitochondrial, de la membrane mitochondriale externe, perméable aux petites protéines, et de son port de perméabilité mitochondrial (PTP). Le transport du calcium à travers la mitochondrie se fait par différents moyens (**Figure 12**).

Le flux de calcium cytosolique entrant dans la mitochondrie est possible principalement grâce à un canal: l'uniport mitochondrial de calcium (MCU) (Gunter and Pfeiffer, 1990; Rizzuto et al., 2000). Ce flux est contrôlé par le potentiel de membrane, il entraine une dépolarisation de la membrane. Il y a un cycle du calcium entre l'espace inter-membranaire et la matrice. Les ions calciques entrent dans la matrice par le MCU et en sortent par l'activité du NCE (Na+/Ca2+ exchanger) par échange avec les ions Na+. Une étude de patch clamp a montré que ce canal MCU était hautement sélectif pour le calcium, (Kd < 2nM) (Kirichok et al., 2004). De plus, il a été montré que l'exposition de la mitochondrie à des hautes concentrations de calcium peut provoquer un gonflement de la mitochondrie (mitochondrial swelling) menant à la perméabilisation des membranes mitochondriales et à l'induction d'un processus apoptotique.

Dans ce processus de mort cellulaire, le port de perméabilité (PTP, Permeability Transition Port) joue un rôle crucial, il est composé du translocateur de nucléotides à adénine (ANT) et VDAC (Marzo et al., 1998; Shimizu et al., 1999). Nous évoquerons de manière plus précise le rôle de ce port dans la partie II. La porine mitochondriale VDAC est un canal permettant également le passage de métabolite à travers la mitochondrie. La conductance et la sélectivité à certains ions du canal VDAC sont dépendantes du potentiel de membrane de la mitochondrie. A faible voltage (10 mV), le canal est stable dans un état d'ouverture longue (jusqu'à 2 h). A plus fort voltage (>10 mV), tant positif que négatif, VDAC présente plusieurs états de sélectivité et de perméabilité différentes. VDAC peut basculer vers un état fermé lorsque le potentiel de membrane est supérieur à 30 mV. De plus, il a été proposé que le Ca^{2+} module la conductance et/ou la durée de l'ouverture de ce canal (Báthori et al., 2006). Depuis 1999, il est reconnu que VDAC joue un rôle majeur dans la mort cellulaire et en particulier dans la voie mitochondriale de l'apoptose et dans la perméabilité membranaire (Shimizu et al., 1999).

D'autre part, le calcium joue un rôle important dans la transmission des signaux mitochondriaux. La signalisation calcique intervient sur la biogénèse mitochondriale en passant par des phosphatases dépendantes du calcium comme la calcineurine et la calmoduline-kinase, détaillées précédemment.

<u>Résumé partie I</u>

La plasticité mitochondriale est essentielle au bon fonctionnement musculaire via le processus de biogénèse mitochondriale, où PGC-1α a été identifié comme protéine clée, et via les processus de dynamique mitochondriale menant à la fission et à la fusion des mitochondries. La mitochondrie est capable de gérer la localisation, la taille, et l'organisation de sa population. Par son rôle dans l'homéostasie calcique, elle est essentielle dans le contrôle de la mort ou survie cellulaire, rôle que nous détaillons dans la seconde partie, et qui permet de considérer les mitochondries comme de réelles sentinelles de la cellule musculaire.

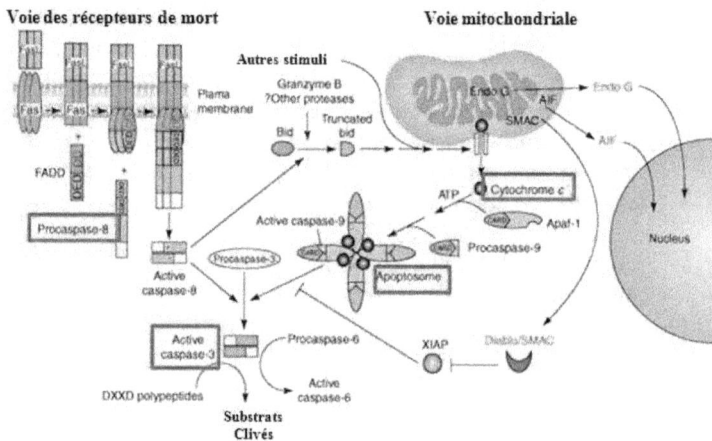

Figure 11: Représentation des différentes voies d'activation de l'apoptose.

La voie extrinsèque des récepteurs de mort s'active par la liaison avec des ligands (FAS/CD95). La voie intrinsèque mitochondriale peut être activée par les récepteurs de mort via la caspase 8. Suite à la translocation de Bid, le relargage de cytochrome c au niveau de la membrane mitochondriale engendre l'assemblage de APAF1 et procaspase 9 formant ainsi l'apoptosome. Ces deux voies apoptotiques mènent à l'activation de la procaspase 3 et la dégradation des substrats. D'après Kaufman & Hengartner, 2001.

2. Mitochondrie: Une sentinelle dans la mort et survie cellulaire

Les trois principaux processus participant à la mort et la survie cellulaire sont l'apoptose, l'autophagie et la nécrose. En réponse à des stimuli divers (par exemple, l'irradiation pour l'apoptose, la restriction calorique pour l'autophagie et l'ischémie-reperfusion pour la nécrose), la cellule subit de nombreux changements morphologiques caractéristiques de chaque type de mort ou survie cellulaire. L'apoptose est généralement considérée comme une mort programmée, garantissant l'homéostasie tissulaire, alors que la nécrose est décrite comme une mort accidentelle non physiologique. L'autophagie est un processus quelque peu différent, en effet c'est un mécanisme de survie cellulaire, permettant à la cellule, grâce à l'auto-digestion, de palier à des déficits énergétiques. Par son implication dans les mécanismes de maintien de l'homéostasie cellulaire, la mitochondrie joue un rôle crucial dans la balance entre apoptose et l'autophagie. Ce rôle de régulateur sera particulièrement important comme nous le verrons lors de l'adaptation nécessaire de la cellule pour limiter un stress du RE.

2.1. Mitochondrie et apoptose

L'apoptose est un mécanisme physiologique indispensable à l'homéostasie de l'organisme. Il participe au renouvellement cellulaire et à l'élimination des cellules défectueuses et potentiellement dangereuses pour l'organisme. L'apoptose est caractérisée par la perte de volume de la cellule et le maintien de l'intégrité de la membrane plasmique. La nécrose à l'inverse fait intervenir une perméabilisation précoce de la membrane plasmique qui provoque une lyse de la cellule. Il existe deux voies de déclenchement de la mort cellulaire programmée, la voie extracellulaire via les récepteurs de mort, que nous ne développerons pas dans ce manuscrit (pour revue Bossy-Wetzel and Green, 1999), et la voie intracellulaire mitochondriale (**Figure 13**). Dans ces deux voies, l'apoptose est définie par des changements biochimiques et morphologiques de la cellule, tels que la fragmentation de l'ADN, la condensation et la ségrégation de la chromatine, le bourgeonnement de la membrane plasmique, la formation de corps apoptotiques puis phagocytose de ces corps, conservant une intégrité membranaire relative sans intervention de processus inflammatoire. L'activation de la cascade protéolytique des caspases (cysteinyl-aspartate-cleaving proteases) permettant la destruction de tous les composants de la cellule, est signe d'apoptose. Il existe également une

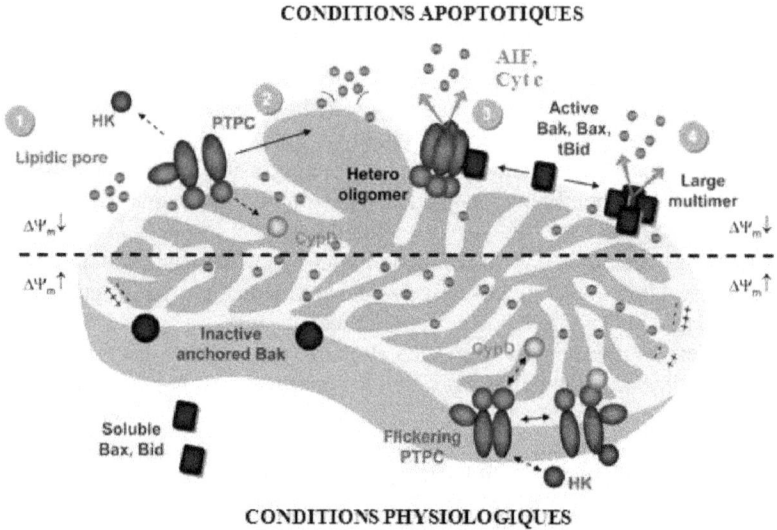

CONDITIONS APOPTOTIQUES

CONDITIONS PHYSIOLOGIQUES

Figure 12: Mécanismes de perméabilisation de la membrane mitochondriale.
En condition physiologique, le potentiel de membrane mitochondrial ($\Delta\Psi$m) est élevé, les protéines de l'espace intermembranaire retient les protéines pro-apototiques (Bax, bad, bid, cyt c...), les membres de la famille des Bcl-2 sont sous leur forme inactive et le PTP assure les échanges des métabolites entre la matrice et le cytosol. La perméabilisation de la membrane, qui conduit à la chute du $\Delta\Psi$m, au relargage de protéines pro-apoptotiques dans le cytosol et éventuellement à la mort cellulaire, a lieu selon différents mécanismes. La perméabilisation de la membrane s'explique par la formation de pores lipidiques (1) permettant le relargage de protéines pro-apoptotiques. De plus, sous forme active, les membres de la famille Bcl2 transloquent du cytosol à la membrane mitochondriale externe et forme également des pores Bax/VDAC (3) ou Bax/Bak (4). La perméabilisation de la membrane interne mitochondriale implique l'ouverture prolongée du complexe PTP (2) avec une dissociation de l'Hexokinase (HK) et de la cyclophiline D (CypD) du PTP. Ceci engendre la libération des protéines intermembranaires pro-apoptotiques (AIF, Cyt c...). D'après Kroemer et al., 2007.

44

voie apoptotique caspase-indépendante, via le facteur inductible de l'apoptose (AIF), APAF1 l'endonucléase G (EndoG).

2.1.1. Apoptose et muscle squelettique

Dans le muscle squelettique, les myologistes se sont intéressés à l'apoptose chez le mammifère, seulement depuis peu, elle est considérée comme un mécanisme contrebalançant la prolifération cellulaire. En effet, l'apoptose contrôle la prolifération et la différenciation des myoblastes durant la myogénèse (Pour revue, Sandri and Carraro, 1999). La dérégulation de l'apoptose est impliquée dans de nombreuses pathologies. Dans l'atrophie musculaire, Allen et al ont étudié le rôle de l'apoptose dans l'élimination des myonucleus lors d'une suspension des muscles de la patte chez le rat ainsi que l'effet d'une inhibition de l'apoptose comme prévention de l'atrophie (Allen et al., 1997). Par des expériences de marquage histologique de TUNEL (terminal deoxynucleotidyl transferase) permettant d'évaluer le nombre de noyaux apoptotiques, par la fragmentation des double-brin d'ADN, ils ont montré une augmentation de ce marqueur d'apoptose après 14 jours de suspension. A l'inverse, un traitement de facteur de croissance associé à un exercice en résistance atténue les marqueurs d'apoptose. Enfin, dans des modèles d'atrophie liées à la dénervation, une forte expression des protéines pro-apoptotiques bax ainsi qu'une diminution des protéines anti-apoptotiques bcl-2 et bcl-xL sont observées.

2.1.2. Voie mitochondriale de l'apoptose : la mitoptose

Les mitochondries sont considérées comme étant un carrefour de la vie de la cellule, car elles sont des régulateurs clés de la mort cellulaire programmée (Desagher and Martinou, 2000). Par le rôle croissant de la mitochondrie dans un grand nombre de pathologies, incluant les myopathies, la mitoptose représente un axe de recherche important pour préserver la fonction musculaire. L'espace inter-membranaire mitochondrial contient de nombreuses protéines impliquées dans la cascade apoptotique comme le cytochrome c et l'AIF (**Figure 13**). Ces protéines pro-apoptotiques sont libérées par deux voies métaboliques suite à un stimulus. La première voie est régulée par les protéines de la famille Bcl-2 et aboutit à la formation de larges canaux au sein de la membrane mitochondriale externe. La seconde voie repose sur la rupture de la membrane mitochondriale externe consécutive au gonflement mitochondrial, (« mitochondrial swelling ») lui-même provoqué par l'ouverture du canal de la membrane mitochondriale interne dénommé PTP

Levure	Mammifère	Fonction
Atg1	ULK1, 2	Complexe Atg1/Atg13/Atg17/Atg29
Atg2	Atg2	Complexe Atg2/Atg18/Atg9 complex: Formation de autophagosome
Atg3	Atg3	E2-like enzyme specific pour Atg8: Induction de l'autophagie
Atg4	Atg4A, 4B, Autophagin3, 4	Protéase cystéine: Clive la partie C-terminal d'Atg8 et de-PE
Atg5	Atg5	Complexe Atg12/Atg5/Atg16: formation de l'autophagosome
Atg6	Beclin-1	Sous-unité du complexe Vps34 PI3K : Formation de l'autophagosome
Atg7	Atg7	Enzyme E1-like: Atg8 et Atg12 sont des substrats d'Atg7
Atg8	LC3, GABARAP, GATE-16	Protéine Ubiquitin-like: Formation d'Atg8-PE (phosphatidylethanolamine)
Atg9	Atg9L1, L2	Complexe Atg2/Atg18/Atg9: Formation autophagosome
Atg10	Atg10	E2-like enzyme specific for Atg12: Induction de l'autophagie
Atg11		Molécule adaptatrice uniquement chez la levure
Atg12	Atg12	Protéine Ubiquitin-like: Complexe Atg12/Atg5/Atg16
Atg13	Atg13	Sous unites du complexe Atg: Induction de l'autophagie

Tableau 1 : Equivalent des protéines ATG entre la levure et le mammifère et leur fonction.

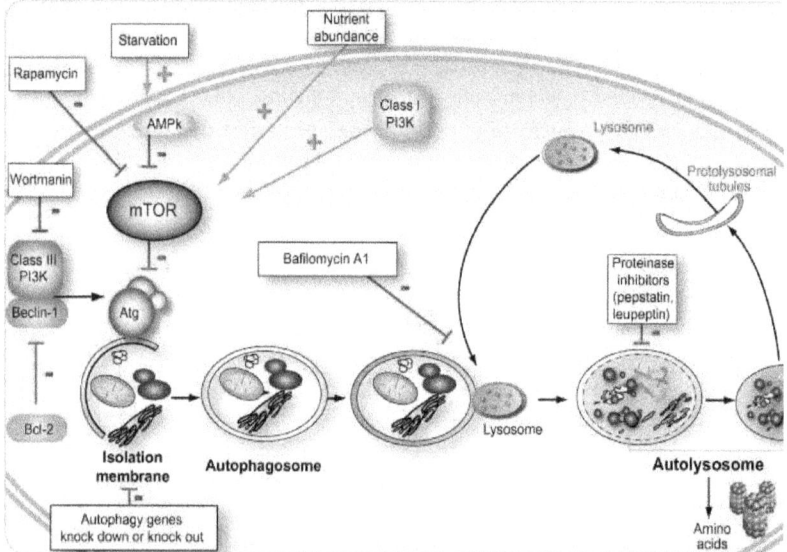

Figure 13: Schéma général et composants majeurs de l'autophagie chez les mammifères.
Les signaux autophagiques (dont la carence en nutriments) active la kinase AMPK, elle-même inhibant la protéine mTOR, permettant l'activation du complexe Beclin-1/Class III PI3K. Ces phénomènes stimulent les protéines de type Atg (comme LC3-II) et la formation de vésicules autophagiques, l'autophagosome. Ensuite, la fusion de l'autophagosome avec des lysosomes assure la dégradation du contenu de ces autolysosomes. D'après Rautou et al., 2010.

(Permeability transition pore) (Zoratti and Szabò, 1995) (**Figure 14**). La surcharge calcique est un des facteurs majeurs provoquant ce gonflement mitochondrial, il peut être reversé partiellement par la chélation du calcium (Croft et al., 1965). Des études pionnières ont montré l'implication de l'ouverture du PTP dans le processus de mitoptose (Haworth and Hunter, 1979), activée par la déplétion en adénine nucléotide, élévation du phosphate, du stress oxydant... Suite à l'ouverture du PTP, la membrane interne mitochondriale ne maintient plus la barrière de protons ce qui mène à une dissipation de la force proton motrice et donc à une diminution de la production d'ATP. Une autre conséquence de l'ouverture du PTP est la libération de molécules pro-apoptotiques comme le cytochrome c dans le cytosol, activant les cascades signalétiques de la mort cellulaire. Un grand nombre d'activateurs et d'inhibiteurs de l'ouverture du PTP existent. Par exemple, la cyclosporine A est connue pour réguler la Cyclophiline D, protéine modulant l'ouverture du PTP.

2.2. Mitochondrie et Autophagie

L'autophagie est tout d'abord un mécanisme de survie cellulaire. Lors de périodes de jeûn, l'autophagie est activée et peut s'opposer à la mise en place d'un programme d'apoptose. Il existe trois types d'autophagie: la microautophagie, l'autophagie par l'intermédiaire des protéines chaperonnes, et la macroautophagie (la forme principale). La macroautophagie ou autophagie est une voie majeure du catabolisme lysosomique qui permet la dégradation de macromolécules et d'organites cellulaires chez les eucaryotes. Dans les années 1990, la découverte des bases moléculaires de l'autophagie a révélé son importance au cours du développement, dans les mécanismes liés à l'âge et dans des processus pathologiques comme le cancer, les maladies neurodégénératives et certaines formes de myopathies.

2.2.1. Mécanismes autophagiques

L'autophagie consiste en la formation hautement régulée par des protéines de la famille des « autophagic genes » (Atg), de vésicules à double membrane (autophagosome) qui séquestrent les macromolécules et organelles cellulaires à éliminer et fusionnent avec les lysosomes, permettant la dégradation de leur contenu (pour revue, Levine and Klionsky, 2004) (**Tableau 1-Figure 15**). Si la carence en nutriment est la condition physiologique la mieux connue pour induire l'autophagie, de nombreux autres stimuli sont susceptibles de la déclencher, tels que

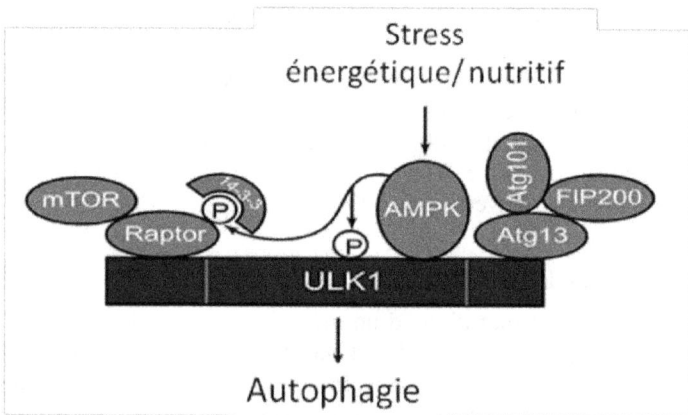

Figure 14: Activation de l'autophagie par AMPK.

Pour induire l'autophagie, AMPK active Ulk1 par phosphorylation de la protéine, et par inhibition du complexe de mTORC1 via la phosphorylation de Raptor sur le complexe autophagique d'ULK1. D'après Lee et al, 2010.

l'hypoxie, le stress oxydant, les lésions de l'ADN ou des mitochondries, le stress du RE ou l'exercice (Kroemer et al., 2010; Liu et al., 2008; Mazure and Pouysségur, 2010). Dans le contexte de l'exercice, l'autophagie est induite par AMPK, senseur énergétique de la cellule musculaire décrit auparavant (**figure 5-7**). L'AMPK activée est alors capable de phosphoryler mTORC1 (mammalian target of rapamycin complex I) et d'inhiber ainsi sa fonction (Meijer and Codogno, 2007). mTOR peut former deux complexes, mTORC1 (association de mTOR à RAPTOR ainsi que d'autres protéines) ayant un rôle important dans l'autophagie, et le complexe mTORC2, un régulateur essentiel du cytosquelette que nous ne détaillerons pas. Le complexe mTORC1 est la cible de la rapamycine, molécule classiquement utilisée pour induire l'autophagie. mTOR est une protéine ayant un rôle à la fois dans la croissance musculaire lorsqu'elle est activée *via* la voie de p70S6K, ainsi que dans l'activation de l'autophagie lorsque qu'elle est inhibée. De manière physiologique, la protéine mTOR inhibe la protéine pro-autophagique Ulk1 (Unc51-like kinase ou Atg1) au sein d'un complexe formé par Atg13 et FIP200. En situation de restriction calorique, AMPK peut activer Ulk1 par phosphorylation (Kim et al., 2011). Une stimulation aiguë de AMPK par l'AICAR initie l'autophagie à travers des mécanismes complexes impliquant l'activation du tuberous sclerosis complex (TSC), l'inhibition de mTORC1, la phosphorylation de Raptor et l'activation de Ulk1 (Egan et al., 2011; Kim et al., 2011; Lee et al., 2010) (**Figure 16**). Ulk1 peut alors phosphoryler ses deux autres partenaires Atg13 et FIP200. Ce complexe activé phosphoryle la protéine Ambra1, elle-même appartenant à un complexe multi-protéique comportant comme protéine principale Beclin-1, PI3K de classe III, Vsp34 et Ambra1 (Di Bartolomeo et al., 2010; pour revue, He and Levine, 2010; Ravikumar et al., 2010). Ce complexe participe à l'induction de l'autophagie, à l'incurvation du pré-autophagosome et à la formation de l'autophagosome. De nombreuses protéines sont capables d'inhiber Beclin-1, notamment les membres anti-apoptotiques de la famille de Bcl-2, Bcl-2 et Bcl-XL (Maiuri et al., 2007; Pattingre et al., 2005; Shimizu et al., 2004). En présence d'un stimulus autophagique, ces interactions inhibitrices sont interrompues par différents mécanismes, tels que la phosphorylation de Bcl-2 ou Beclin-1, ou la compétition avec des protéines pro-apoptotiques (BNIP3, Bad, Bak, Noxa, Puma et Bim) (Bellot et al., 2009; Pattingre et al., 2009).

Après être activé, l'étape suivante de l'autophagie consiste en la formation de la membrane de la pre autophagic structure (PAS) ou phagophore, puis de la vésicule autophagique appelée autophagosome (**Figure 15**). Le processus d'élongation de la membrane repose essentiellement sur deux systèmes de conjugaison analogues aux systèmes d'ubiquitination des protéines: le système Atg12/Atg5 et le système phosphatidyléthanolamine (PE)/ LC3 (microtubule-associated protein 1A/1B-light chain 3). Le premier système forme un manteau sur le feuillet cytosolique de la membrane du phagophore. Le deuxième système assure l'association stable de LC3 aux deux faces de la membrane de l'autophagosome (pour revue, Yang and Klionsky, 2010). LC3 existe donc sous forme cytosolique (LC3-I) ou associé au phagosome (LC3-II = Atg8-PE), c'est un marqueur de la formation d'autophagosome. Après maturation de l'autophagosome alors appelé amphisome, celui-ci peut fusionner avec des lysosomes, pour former l'autophagolysosome et débuter la dégradation de son contenu (pour revue, Burman and Ktistakis, 2010). D'une autre manière, l'autophagie peut également être déclenchée sans la participation directe de mTORC1. Par exemple, Beclin1 peut être activé par JNK1 (c- Junamino-terminal kinase 1) ou DAPK (death-associated protein kinase) de façon mTOR indépendante (Wei et al., 2008; Zalckvar et al., 2009).

2.2.2. Muscle et autophagie

Suite à des conditions cataboliques au sein du muscle, différents changements ont lieu: la mobilisation de protéines, le remodelage du réseau mitochondrial et sarcoplasmique, et la perte de noyaux. De plus, la contraction normale d'un muscle peut altérer de manière mécanique et métabolique les protéines et organites. Par exemple, l'exercice physique requiert de l'énergie dont la production engendre la génération de ROS au niveau de la mitochondrie, qui sont délétères pour de nombreux composants de la fibre musculaire. C'est pourquoi la fibre musculaire a besoin d'un système efficient pour éliminer et dégrader les protéines ayant subit des modifications post traductionnelles délétères ou les organites présentant une dysfonction. Le système autophagique est responsable de cette fonction, et intervient par ce biais dans la régulation de la masse musculaire. Depuis peu, son implication a été étudiée notamment dans différentes pathologies associées à une perte de masse musculaire (cancer, pathologies neurodégénératives…) ainsi que dans les myopathies. En effet, des études ont montré l'implication majeure d'un défaut d'autophagie dans différentes dystrophies (Grumati et al., 2010).

De plus, l'exercice physique est connu pour tous ces bienfaits, mais les mécanismes derrières ces bénéfices ne sont pas totalement élucidés. L'équipe italienne de Sandri a été la première a montré que l'exercice induit l'autophagie dans le muscle squelettique de souris normal (Grumati et al., 2011). Mais l'équipe de Levine au Texas est allée plus loin en se penchant sur le rôle de l'autophagie dans l'exercice et ont montré que l'autophagie est nécessaire pour que l'exercice induise ces effets métaboliques bénéfiques (He et al., 2012a). En effet, ils ont généré des souris déficientes pour la protéine Bcl2. En situation normale, l'exercice induit la perturbation du complexe Bcl2-Beclin1 et l'activation de l'autophagie. Or ces souris mutantes qui affichaient un niveau d'autophagie basal, ne présentent aucune activation du processus autophagique après exercice. L'équipe américaine a observé alors une diminution de l'endurance et du métabolisme glucidique. Ces études démontrent donc l'importance d'un processus autophagique fonctionnel pour observer les bienfaits de l'exercice. Enfin, l'autophagie aurait encore d'autant plus d'importance par sa capacité à éliminer de manière sélective les mitochondries déficientes.

2.2.3. Dégradation sélective par l'autophagie de la mitochondrie: la mitophagie

Le cycle de vie de la mitochondrie commence par la coordination de la synthèse de protéine mitochondriale par à la fois l'ADN nucléaire ainsi que l'ADNmt, c'est la biogénèse mitochondriale. Au contraire, l'élimination sélective des mitochondries du cytoplasme se déroule à travers le processus d'autophagie, on parle de mitophagie (**Figure 17**). La coordination entre ces deux processus est essentielle à la régulation de la qualité et quantité des mitochondries. De récentes études suggèrent en effet que la rupture de la balance anabolisme-catabolisme entre la biogénèse mitochondriale et la mitophagie retarde la récupération post traumatique et contribuerai à la mort cellulaire (Zhu et al., 2013). Des avancées considérables ont été réalisées dans la compréhension des mécanismes sous-jacents à la mitophagie, même si ceux-ci ne sont pas encore totalement décryptés. En réponse à un stress, la perméabilisation membranaire mitochondriale peut avoir lieu et mener à la mort cellulaire par apoptose ou nécrose. Toutefois, si seulement une fraction de la membrane est perméabilisée, le processus autophagique dirigé contre les mitochondries endommagées peut sauver la cellule. La reconnaissance par la cellule de mitochondrie dépolarisée est médiée par la kinase mitochondriale PINK1, un senseur de voltage mitochondrial. Lors d'une dépolarisation mitochondriale, PINK1 s'accumule au niveau de la surface membranaire mitochondriale et facilite le recrutement de l'ubiquitine ligase E3 Parkin (Narendra et al., 2010). Parkin est capable d'ubiquitiner les substrats mitochondriaux comme la protéine VDAC1 puis de recruter des protéines adaptatrice comme p62/SQSTM1 (sequestosome 1) ou un membre de la famille des BCL2-related protein BNIP3L/NIX.

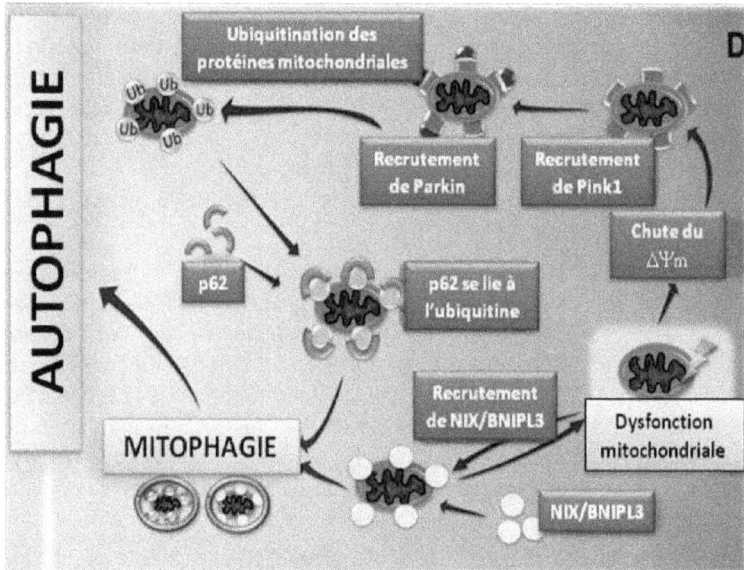

Figure 15: Mécanisme impliqué dans l'induction d'autophagie suite à une dysfonction mitochondriale.

D'après Kroemer et al, 2010.

p62 est capable de former des agrégats de protéines ubiquitinées en polymérisant avec d'autre molécules p62, puis de les recruter dans l'autophagosome en se liant à LC3 (Pankiv et al., 2007). Les mitochondries sont ainsi ciblées pour être dégradées par le processus classique d'autophagie faisant intervenir LC3 (Geisler et al., 2010). Les études récentes en physiopathologie ont mis en lien un défaut de mitophagie avec la maladie de Parkinson, présentant une mutation des gènes codant pour PINK1 et Parkin (Valente et al., 2004). Egan et al, ont mis en avant qu'une diminution d'AMPK ou ULK1 résulte en une accumulation aberrante de p62 associée à un processus de mitophagie défaillant (Egan et al., 2011). Un modèle cellulaire mutant pour ULK1 ne pouvant pas être phophorylé par AMPK, révèle que cette phosphorylation est nécessaire pour l'homéostasie mitochondriale et la survie cellulaire durant un jeûn. La mitophagie est un processus de survie, c'est un mécanisme de dégradation cellulaire qui peut s'opposer à la mitoptose en éliminant les mitochondries endommagées. Lorsqu'elle est altérée, la cellule bascule vers la mort cellulaire pour éviter l'accumulation de structures, d'organites non fonctionnels (Hotchkiss et al., 2009). La situation est souvent complexe car la cellule peut utiliser à la fois la machinerie apoptotique et autophagique pour disparaître (Galluzzi et al., 2012). Dans leur ensemble, ces données montrent le rôle crucial de la mitochondrie dans les processus d'apoptose et d'autophagie. Dans ces processus, le lien avec le réticulum sarcoplasmique et l'homéostasie calcique peut avoir un fort impact sur la décision du destin de la cellule.

2.3. Relation Mitochondrie-RS : impact sur la mort et survie cellulaire

2.3.1. Le réticulum endo- sarcoplasmique

Le réticulum sarcoplasmique du muscle squelettique a attiré l'attention par sa biogénèse et sa nature cytologique spécifique. En effet, ces vastes extensions membranaires suggèrent un lien direct avec le réticulum endoplasmique, alors que l'analyse de protéines a mis en avant un haut degré de spécificité à la fois au niveau du RS longitudinal et du RS jonctionnel (*cisternea*) décrit en partie précédemment (**Figure 10**). Il a notamment été montré dans des subfractions de RS, la présence de la protéine chaperonne BiP (GRP78), marqueur du RE (Volpe et al., 1992).

Le RE-RS est un réseau de citerne et de microtubule s'étalant de l'enveloppe nucléaire de la cellule à la surface cellulaire, c'est le plus grand des organelles. Il possède un rôle dans différentes fonctions vitales. Le RE permet tout d'abord l'assemblage et le transport de nombreuses protéines.

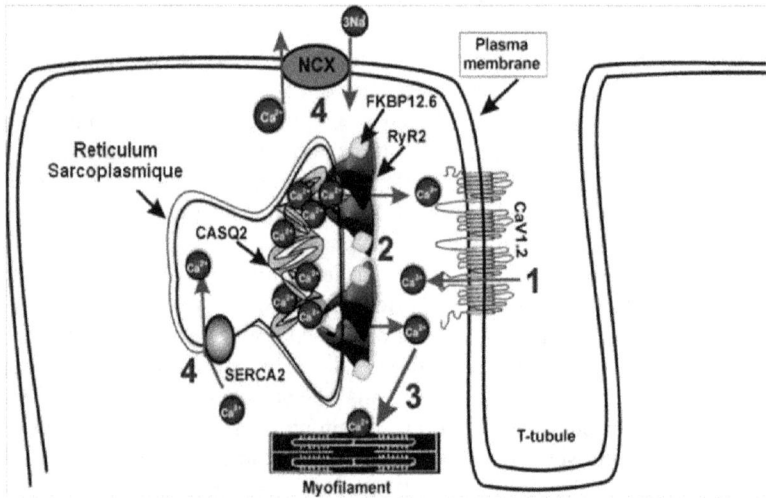

Figure 16: Rôle des récepteurs calciques dans le processus *calcium-induced calcium release*.

Après entrée du calcium à travers le canal voltage dépendant (CaV1.2 ou DHPR) (1), les récepteurs RyRs sont activés au niveau du RS (RyR2 : isoforme du cœur) (2) et le calcium est libéré dans le cytoplasme pouvant être capté par les myofilaments pour la contraction (3). Après l'activation des ponts actine-myosine, le calcium est recapté du cytosol via les SERCA sur le RS ou échanger Na/Ca (NCX) sur la membrane plasmique (4). Le calcium est séquestré au sein du RS via des protéines chaperonnes comme CASQ2: calsequestrine. D'après Mohamed et al., 2007.

Le RE est responsable du repliement, de la maturation et du contrôle qualité des protéines. Le RS est quant à lui une source indispensable pour la signalisation physiologique en étant un réservoir dynamique des ions calcium, pouvant être activé à la fois par stimulation électrique ou chimique de la cellule. La composition moléculaire du RS reflète son rôle dominant dans la voie de signalisation calcique. Il contient les récepteurs à l'Inositol-1.4.5-triphosphate (IP3Rs) et les récepteurs à la ryanodine (RyRs), responsables ensemble du relargage de calcium dans le cytosol suite à un signal. Les **RyRs** contribuent de manière extrêmement importante à la régulation de l'homéostasie calcique intracellulaire lors de la contraction musculaire. L'entrée du calcium dans la cellule suite à un potentiel d'action active les RyRs, et s'ensuit une libération massive du calcium stocké dans le RS, ce phénomène est appelé « *Calcium Induced Calcium Released* » lors du couplage excitation-contraction.

Les **IP3Rs** sont également des canaux calciques activés eux par la fixation du messager intracellulaire IP3 (Mikoshiba, 2006). Ils présentent de nombreuses différences sur le plan fonctionnel et structural avec le RyR (Taylor et al., 2004). Il existe trois isoformes d'IP3R, les trois étant exprimés dans le muscle squelettique. Il a été montré qu'ils sont plus fortement exprimés dans les fibres musculaires oxydatives et presque absents dans les fibres glycolytiques de type IIb (Moschella et al., 1995). Leur rôle est majeur dans la contraction musculaire. Les SERCAs sont des pompes ATPases calciques (deux ions Ca^{2+} / molécule d'ATP) permettant la séquestration du calcium dans le RS. La SERCA représente le principal mécanisme régulateur de la concentration cytosolique de repos en calcium aux environs de 100nM. Dans le muscle squelettique, l'isoforme SERCA1a est exprimé dans les fibres rapides et SERCA2a dans les fibres lentes (Wu and Lytton, 1993). D'autres protéines existent permettant la séquestration du calcium dans le RS telles que la calsequestrine (**Figure 18**). Afin de réguler finement l'homéostasie calcique cellulaire, il a également était mis en évidence l'existence de microdomaines au niveau du RS, proche de la mitochondrie pour transmettre le calcium.

2.3.2. Points de contacts Mitochondrie-RS

Dès les années 1960, différentes équipes ont suggéré l'existence de liens étroits entre la membrane du RE et de la membrane externe mitochondriale (Ruby et al., 1969). Les techniques modernes de microscopie électronique ont révélé visuellement ces contacts, les mitochondries entourant les tubules du RE (Wang et al, 2000). Par des études de microscopie 3D à déconvolution, il a été déterminé que 20% de la surface mitochondriale est en contact direct avec le RE (Rizzuto et al, 1998). La taille de ses ponts

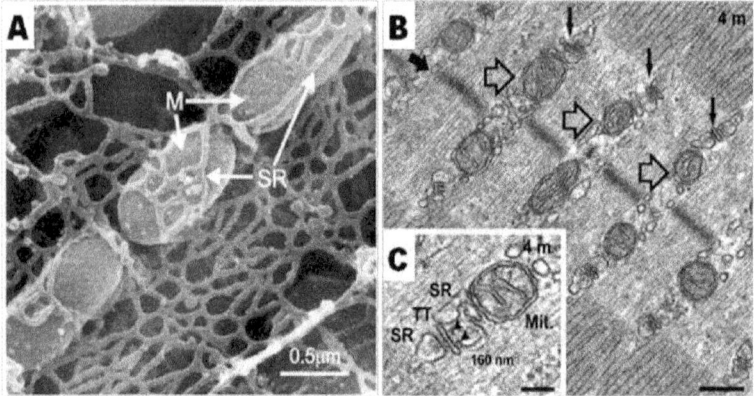

Figure 17: Image de microscopie électronique représentant les liens entre mitochondrie (M) et Reticulum Sarcoplasmique (SR)
A. Section longitudinale d'un muscle cardiaque canin présentant l'arrangement du RS autour des mitochondries (Territo P R et al. 2006). B: Dans des fibres musculaires adultes, les mitochondries (flèches vides) et les triades (petites flèches noires) (formée par les tubules T, le RS et les citernes) sont localisées à proximité des sarcomères et perpendiculaires au stries Z (grosse flèche noire). C: Les mitochondries sont associées aux citernes terminales du RS, du côté opposé au relargage du calcium par le RyR (petites flèches noires) (Boncompagni et al, 2008).

varierait entre 10 et 25 nm (Csordás et al., 2006; Marsh et al., 2001; Perkins et al., 1997). Cette région spécifique du RE interagissant avec la mitochondrie a été baptisée MAMs Mitochondria-associated Membranes (MAM) par Jean Vance lorsqu'elle découvrit pour la première fois une fonction importante de ces ponts dans les échanges de phospholipides (Vance, 1990) (**Figure 19**). L'importance fonctionnelle de ses liens entre mitochondrie et RE a ensuite été corroborée avec les transmissions de calcium entre les deux compartiments (Csordás et al., 1999; Rizzuto et al., 1993, 1998) et la fonction cruciale de ce processus dans l'apoptose (de Brito and Scorrano, 2010; Scorrano et al., 2003; Szalai et al., 1999).

Dans certaines conditions, l'entrée excessive de calcium dans la mitochondrie peut résulter en l'ouverture du PTP et engendrer ainsi l'apoptose (Csordás et al., 2006). Les échanges de calcium doivent donc être finement régulés entre ces deux compartiments pour réguler les fonctions vitales et l'homéostasie métabolique. En effet, grâce à différentes protéines, les MAMs sont capables de réaliser des échanges calciques entre RS et mitochondrie (**Figure 20**). Les interactions entre les deux organites sont modulées par la famille des « mitochondrial-shaping-proteins » et par la famille de protéines chaperonnes. Les plus connus sont Drp1, Mfn1 et Mfn2, protéines régulant la fission et fusion mitochondriale.

Les MAMs sont également constituées de protéines chaperonnes régulant la signalisation calcique. PACS-2 est une protéine contrôlant les liens RS-mitochondrie et jouant un rôle dans l'apoptose (Simmen et al., 2005), elle est impliquée dans la fragmentation du réseau mitochondrial. Szabadkai et al, ont montré que la protéine chaperonne GRP75 régule le signal calcique entre la mitochondrie et le RS (Szabadkai et al., 2006). Cette même équipe a montré que VDAC est physiquement lié au canal IP3R via GRP75 (Pour revue Giorgi et al., 2009). GRP75 (Glucose Regulated Protein) est une protéine de la famille des chaperonne HSP70, elle est à l'interface du RE et de la mitochondrie, et couple les relations entre IP3R et VDAC (**Figure 20**). De plus, Rieusset et al ont montré que dans des hépatocytes, la cyclophilin D, protéine régulant le PTP, pourrait être un nouveau régulateur de ces échanges de Ca^{2+} entre mitochondrie et RE en intervenant parmi les MAMs (Rieusset et al., 2012). Hayashi et al ont découvert Sig-1R, retenu dans les MAMs en conditions physiologique. Au sein du RE, de nombreuses situations perturbent la maturation protéique, induisant l'accumulation de protéines mal repliées dans la lumière du RE, produisant alors une situation de stress appelée stress du RE. Ce stress du RE engendre par la stimulation de protéine chaperonne, une altération de la relation entre mitochondrie et RE qui résulte en une perturbation du transfert de Ca^{2+} et par conséquence impact la survie

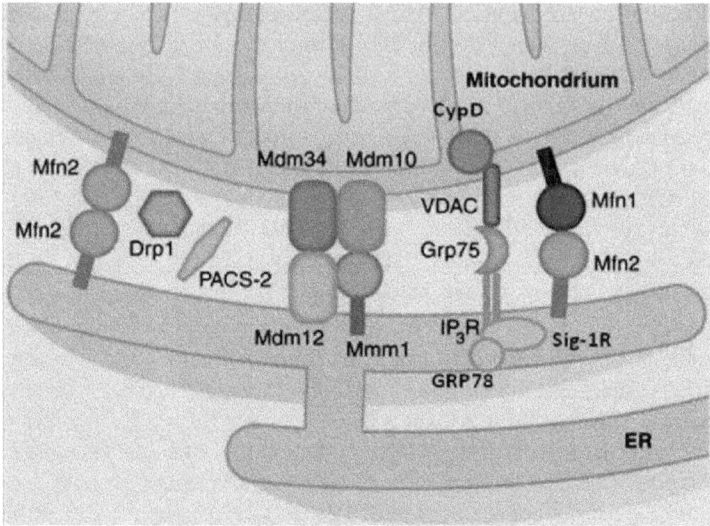

Figure 18: Points de contacts entre le RE et la mitochondrie

Il existe différents ponts moléculaires permettant des contacts proches entre les deux organelles. PACS-2 et Drp1 contrôlent indirectement la distance entre les ponts en impactant sur la morphologie et la distribution des mitochondries. Une fonction particulière dans les flux calciques a été suggérée pour le complexe comportant IP3R, la protéine chaperone GRP75 et le canal mitochondrial VDAC. De plus, chez la levure, le complexe multimérique ERMES, formé par les protéines mitochondriales Mdm34 and Mdm10 et celles du RE Mmm1 and Mdm12, semblerait réguler les pont RE–mitochondrie. Enfin, les mitofusines (Mfn2 sur le RE et Mfn2 et Mfn1 sur la mitochondrie) forment un homo-hétérodimère pour garder les points de contacts entre les deux organelles. D'après De Brito & Scorrano, 2010.

cellulaire. Ainsi, en condition de stress du RE, Sig-1R est redistribué des MAMS vers la périphérie du RS, elle favorise la survie cellulaire, et interagit avec la protéine chaperonne GRP78. S'il y a une diminution du Ca^{2+} dans la lumière du RE, GRP78 et Sig-1R se dissocient et déclenchent une réponse appelée UPR.

2.3.3. Le stress du RE et la voie UPR

L'homéostasie du RE est méticuleusement contrôlée. Cependant, tous les évènements qui perturbent la capacité de repliement des protéines au niveau du RE, comme un excès de synthèse protéique, une altération de la disponibilité énergétique ou un changement du potentiel d'oxydoréduction de son lumen, induisent une **réponse physiologique nommée unfolded protein response (UPR).** L'activation de la voie UPR vise à répondre au stress en augmentant les capacités de fonctionnement du RE : elle déclenche une augmentation de la capacité de repliement du RE via une induction de la transcription de protéines chaperonnes localisées dans le RE et une diminution générale du stress via une inhibition globale de la synthèse protéique (pour revue, Schröder and Kaufman, 2005).

Un des régulateurs principaux de la réponse UPR est la protéine chaperonne **BIP/GRP78** (immunoglobulin heavy chain-binding protein/glucose-regulated protein of molecular weight 78 kDa). GRP78 est l'une des protéines chaperonnes la plus exprimée dans le RE, c'est un membre de la famille des heat-shock-protein (Hsp70), elle possède un domaine (N-terminal) ATPase dépendant, et pourrait ainsi être sensible également au statut énergétique de la cellule. C'est elle qui régule la réponse UPR via ces trois principaux senseurs: **PERK** (the PKR-like ER protein kinase), **ATF6** (the activating transcription factor 6) et **IRE1** (the inositol-requiring enzyme 1) (**Figure 21**). Tous ces composants de la voie UPR s'associent avec GRP78 dans leur forme inactive. Lorsque l'homéostasie du RE est perturbée, GRP78 se dissocie et se lie préférentiellement aux protéines mal repliées qui se sont accumulées dans la lumière du RE. Lorsque GRP78 se dissocie des transducteurs de l'UPR, ces trois voies s'activent et engendrent leur voie de signalisation. Après libération de GRP78, PERK s'autodimérise pour s'autophosphoryler puis s'activer. Il phosphoryle alors EIF2α (eucaryotic translation initiation factor 2, a subunit) afin d'atténuer l'initiation du taux de traduction d'ARNm, prévenant ainsi la synthèse protéique. EIF2α active ATF4 (activating transcription factor 4), lui-même assurant l'expression de la protéine CHOP (CEBP homologous protein) (Harding et al., 2000). Simultanément à l'activation de PERK, la dissociation de GRP78 induit

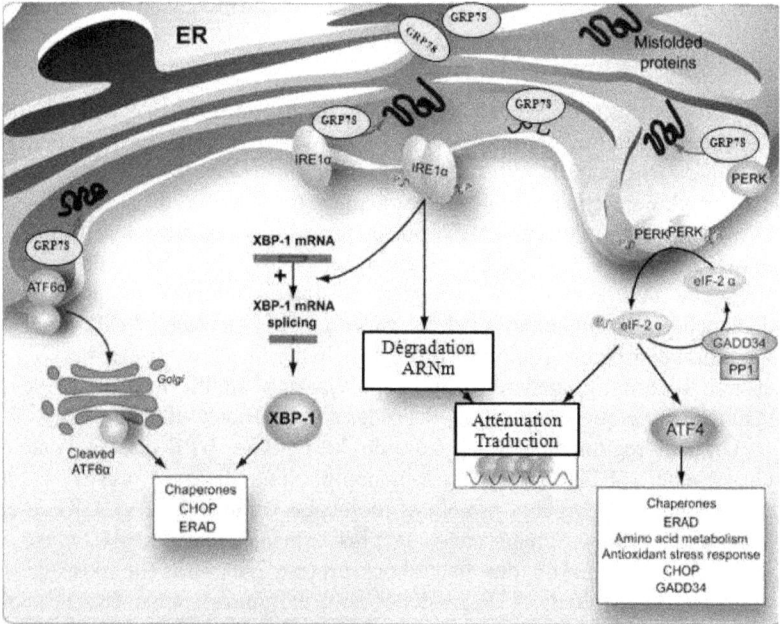

Figure 19: Voie de régulation du stress du réticulum : La réponse UPR ou Unfolded Protein Response.
L'accumulation de protéines mal repliées dissocie Grp78 (ou Bip) des récepteurs de la voie de l'UPR (PERK, ATF6 et IRE1) permettant ainsi leur activation. Les voies mises en place font intervenir ATF4, CHOP et XBP1 et résultent en l'inhibition de la traduction ainsi que l'augmentation de l'expression de protéines chaperonnes pour remédier au stress initial. Si le stress est trop important, la réponse ERAD (ER associated Degradation) se met en place et engendre l'apoptose. D'après Malhi et al., 2011.

également l'activation de **IRE1,** celui-ci se dimérise et s'autophosphoryle afin d'activer son activité endoribonucélase (RNase). L'activité RNase de IRE1 permet l'initiation de l'épissage alternatif du transcrit codant pour le facteur de transcription XBP1, ce qui permet sa traduction. Les gènes cibles de XBP1 codent pour des protéines chaperonnes du RE et des protéines impliquées dans la dégradation des protéines mal repliées.

Enfin, la troisième voie d'activation de l'UPR passe par **ATF6** (Activating Transcription factor 6). Ce facteur transite vers l'appareil de Golgi où il est clivé en sa forme active. ATF6 clivé transloque alors au noyau et peut agir, avec ATF4 et XBP1 comme un facteur de transcription, augmentant l'expression de gène codant pour des protéines capables d'augmenter la capacité de repliement du RE. Ces cibles sont des protéines chaperonnes du RE comme Grp78, Grp 94, la calreticulin, la protéine disulfite isomérases (PDI), ainsi que les facteurs de transcription C/EBP homologous protein (CHOP) et la protéine X box-binding protein 1 (XBP1) (Muller et al., 2013).

Lorsque la réponse UPR est insuffisante pour lutter contre le stress, la cellule entre en apoptose (pour revue, (Szegezdi et al., 2006). **La réponse ERAD (ER associated Degradation)** s'active pour éliminer les protéines irréparables, celles-ci sont alors dégradées par apoptose. La voie extrinsèque et intrinsèque mitochondriale seraient impliquées dans l'apoptose induite par le stress du RE. En effet, le RE pourrait servir comme un site où le signal apoptotique serait généré au travers de différents mécanismes : relargage du Ca^{2+} du RE via la régulation de Bak/bax ; clivage et activation de la caspase 12 ; et activation de ASK1 (apoptosis signal-regulating kinase 1)/JNK (c-Jun amino terminal kinase) via IRE1α (**Figure 22**).

De plus, une interaction étroite entre RE et mitochondrie semble nécessaire pour aboutir à la mort programmée (pour revue, Sharaf El Dein et al., 2009). Le relargage massif de Ca^{2+} du RE via les récepteurs IP3R et RyRs, est crucial dans le déclenchement de l'apoptose consécutif à un stress prolongé du RE (Demaurex and Distelhorst, 2003; Orrenius et al., 2003; Rizzuto et al., 2003). Ce relargage peut induire l'apoptose via la perméabilisation membranaire mitochondriale (Kim et al., 2008) et l'ouverture du PTP. Ceci a été mis en avant via les récepteurs à l'IP3, étroitement impliqués dans les relations RE-mitochondrie via les MAMs, ainsi que la protéine VDAC sur la membrane mitochondriale externe (Deniaud et al., 2008; De Stefani et al., 2012). Outre l'apoptose, le stress du RE peut être impliqué dans les processus de régulation de l'autophagie via la formation de la membrane autophagique (Hayashi-

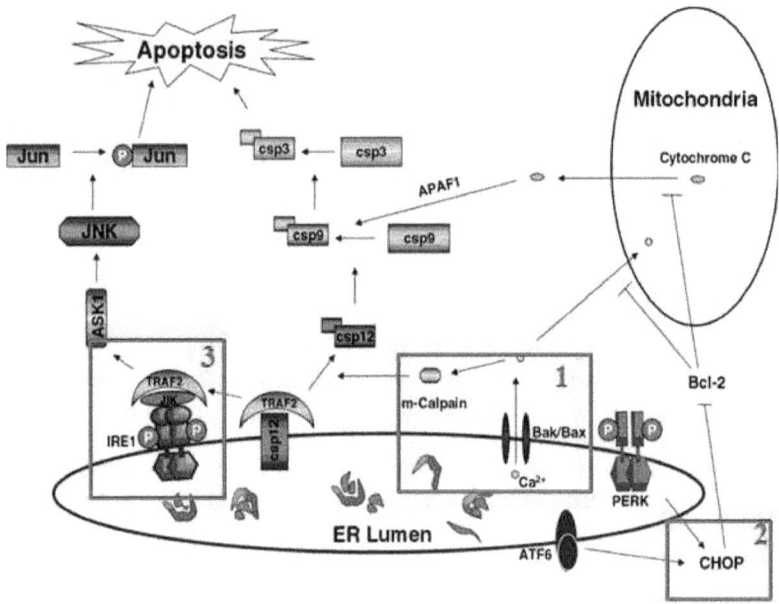

Figure 20: Le stress du RE induit l'apoptose.
Suite à un stress du RE, Bak et Bax **(1)** subissent des modifications de leur conformation sur la membrane du RE et permettent les flux de calcium qui activent les calpaines dans le cytoplasme. Consécutivement, ces dernières clivent et activent la procaspase 12 situé sur le RE, ce qui engendre l'activation de la cascade des caspases. Les flux de calcium sortant du RE mènent également à l'activation de l'apoptose via la mitochondrie. De plus, CHOP **(2)** inhibe l'expression de la protéine anti-apoptotique Bcl2, et active ainsi l'apoptose. L'activation de la voie d'IRE1α augmente aussi l'apoptose via la protéine JNK **(3)**. D'après Wu et Kaufman, 2006.

Nishino et al., 2009). De nombreux travaux montrent qu'il existe un lien entre l'activation de l'UPR et l'autophagie. Des inducteurs pharmacologiques du stress du RE comme la tunicamycine et la thapsigargine induisent la formation d'autophagosomes (Criollo et al., 2007; Gozuacik et al., 2008). La réponse UPR est donc un stimulus potentiel de l'autophagie (Buchberger et al., 2010) et différents auteurs ont montré que l'autophagie induite par le stress du RE est un processus indispensable pour la survie cellulaire en condition de stress (Bernales et al., 2006; Fouillet et al., 2012; Ogata et al., 2006). En effet, les facteurs PERK et ATF6 apparaissent comme des inducteurs de l'autophagie alors qu' IRE1α agit comme un régulateur négatif de l'autophagie (Hetz et al., 2009). PERK peut réguler la transcription de LC3 suite à une réponse hypoxique à travers l'action de ATF6 et CHOP (Rouschop et al., 2010). De plus, des cellules mutées pour Eif2α ne sont pas capables d'induire l'autophagie en réponse à une déprivation énergétique, suggérant le rôle majeur d'Eif2α dans la régulation de l'autophagie (Kouroku et al., 2007; Kroemer et al., 2010; Tallóczy et al., 2002).

Enfin, il a été suggéré que la quantité de calcium transféré, via IP3R entre le RS et la mitochondrie, participe soit à la progression de la mort cellulaire par apoptose soit à être responsable en partie de la survie cellulaire (Decuypere et al., 2011a). Une augmentation du transfert de calcium stimule l'apoptose en engendrant une perméabilisation membranaire et une ouverture du PTP. A l'inverse, une diminution des flux calciques du RE vers la mitochondrie engendre une diminution de la production d'ATP. En conséquence, la ratio AMP/ATP augmente et mène à l'activation d'AMPK et de l'autophagie. Une étude de l'équipe de Foskett suggère que l'inhibition d'IP3R induit l'autophagie via cette voie (Cárdenas et al., 2010).

2.3.4. Muscle squelettique et ER stress

Le muscle est un tissu hautement dynamique qui répond à un large panel de stimuli. Un des mécanismes répondant immédiatement aux changements environnementaux dans le muscle squelettique est le stress du RE, pouvant directement moduler la synthèse protéique et contrôler la régulation de la masse musculaire. Madaro et al ont montré sur des cellules musculaires en culture, que l'activation d'un stress du RE via la voie calcium dépendante PKC, était nécessaire pour l'activation de l'autophagie (Madaro et al., 2013). Le muscle est un site majeur de régulation de l'homéostasie métabolique, par régulation des réserves glucidique et lipidique. Le stress du RE a été impliqué dans la pathogénèse de l'obésité et du diabète (Ozcan et al., 2004). En effet, la perturbation du repliement des protéines engendre la réduction de la sécrétion d'insuline, provoque du stress oxydant, et active les voies de mort cellulaire au niveau du foie (Scheuner and Kaufman, 2008). Cependant, concernant le muscle squeletique, l'étude de Ozcan et al n'a pas rapporté d'altération des marqueurs du stress du RE dans les muscles squeletiques de souris ob-/ob par rapport aux souris contrôles. Néanmoins, les marqueurs utilisés et les résultats trouvés ne sont pas spécifiés dans cette étude. De plus, la mitochondrie est responsable de la dégradation des lipides par β-oxydation et elle agit comme un centre intégrateur des signaux apoptotiques en déclenchant une perméabilisation des membranes mitochondriales aboutissant à la libération de facteurs apoptogènes. Nous pouvons suggérer, que par son rôle au niveau de la synthèse protéique et du métabolisme, le muscle serait un tissu sensible au stress du RE. Cependant, peu d'études ont été réalisées à ce jour sur le stress du RE dans le muscle squelettique qui permettent de vérifier cette hypothèse (Deldicque et al., 2012).

Résumé partie II

La mitochondrie présente une plasticité remarquable, et permet le maintien de l'intégrité musculaire par un subtil rôle de sentinelle dans des processus physiologiques essentiels à l'homéostasie musculaire comme l'apoptose et l'autophagie. Mais dans certaines situations de stress mécanique, métabolique, aigües ou chroniques, la sentinelle se dérègle... le muscle se désorganise, la physiopathologie apparaît.

La problématique de ma thèse a été de limiter, par une approche pharmacologique, l'influence d'une fonction mitochondriale déficiente dans un contexte pathologique sur les processus de mort cellulaire, à l'origine d'une atrophie musculaire. Ainsi au cours de ma thèse, je me suis focalisée sur deux processus pathologiques susceptible de bénéficier d'une approche thérapeutique stimulant la fonction mitochondriale que sont le vieillissement et la dystrophie musculaire de Duchenne, deux situations présentant un déficit de la fonction mitochondriale et une atrophie musculaire.

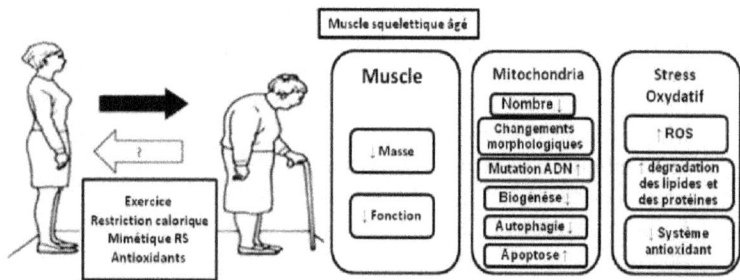

Figure 21: Changement du muscle squelettique avec l'âge.

Sur la partie droite de cette figure, les changements avec l'âge dans le muscle squelettique sont représentés. A la fois la masse et la fonction musculaire sont diminuées chez la personne âgée.

De plus, au niveau mitochondrial, le nombre de mitochondrie est diminué en parallèle avec les changements de morphologie mitochondriale. L'ADN mitochondrial, la capacité oxydative, la biogénèse et l'autophagie sont diminués. Ceci est associé avec une augmentation du nombre des mutations de l'ADN et du niveau d'apoptose. Finalement, le stress oxydant est augmenté avec l'âge, associé à une altération des lipides cellulaires, des protéines et de l'ADN.

La partie gauche de cette figure montre que l'exercice physique, les mimétiques de la restriction calorique et les antioxydants peuvent retarder ces dommages liés à l'âge dans le muscle squelettique. D'après Peterson et al., 2012.

66

3. Quand la sentinelle se dérègle...vers la physiopathologie

Dans les chapitres précédents, nous avons vu comment la mitochondrie joue un rôle essentiel dans l'homéostasie musculaire en tant qu'organite producteur d'énergie, mais également en tant que régulateur des processus de mort et survie cellulaire. Cependant, quand survient une mutation génétique, lorsque le stress est trop important et que les mécanismes adaptatifs sont dépassés ou insuffisants, des processus pathologiques se mettent en place. C'est ce que nous allons illustrer dans 2 situations différentes: le vieillissement et la dystrophie musculaire de Duchenne.

3.1. Vieillissement

3.1.1. Fonction mitochondriale et âge

Le vieillissement est caractérisé par une perte de masse musculaire, ou atrophie, qui peut être associée à une perte de fonction musculaire, ce processus est nommé sarcopénie (Frontera et al., 1991; Hughes et al., 2001). Ce phénomène est souvent accompagné à une diminution des capacités physiques, une perte de la qualité de vie et engendre le pronostic vital des individus (Cruz-Jentoft et al., 2010). En effet, Marquis et al, ont montré que la mesure de surface musculaire de la cuisse est un meilleur indicateur de mortalité que l'indice de masse corporelle chez des patients atteints d'une maladie respiratoire chronique (Marquis et al., 2002). Les mécanismes régulant la perte de la masse et de la fonction musculaire lors du vieillissement impliquent diverses voies signalétiques (Peterson et al., 2012; Picard et al., 2011). L'accumulation de lipides intra ou extra cellulaires, l'altération du repliement des protéines structurelles et contractiles, et une dysfonction mitochondriale ont été minutieusement étudiées (Cree et al., 2004; Hipkiss, 2010; Johannsen et al., 2012). **L'altération du métabolisme mitochondrial** a été mis en avant comme ayant un **rôle prépondérant** dans le **déclin de la fonction musculaire lié à l'âge** (Hiona and Leeuwenburgh, 2008; Picard et al., 2011) (**Figure 23**). Cette altération s'observe tant au niveau structurel que fonctionnel.

L'impact du vieillissement sur le réseau structurel mitochondrial se traduit par une diminution de la biogénèse mitochondriale et un déséquilibre de la dynamique mitochondriale tendant vers la fusion mitochondriale. Les mitochondries du tissu musculaire âgé présentent des caractéristiques spécifiques : mitochondries géantes, morphologie abbérante, réduction de l'efficacité bioénergétique et surproduction d'EORs. Ces grosses mitochondries ne peuvent pas être éliminées correctement en raison de leur grande taille (Marzetti et al., 2013). De plus, on observe un déclin du niveau d'expression de PGC-1α suggérant et expliquant la réduction de la biogénèse mitochondriale, et in fine la réduction du nombre de mitochondries dans le tissu musculaire âgé. En effet, une surexpression de PGC-1α dans le muscle squelettique de souris âgées améliore la capacité oxydative, diminue la dégradation mitochondriale et prévient l'atrophie musculaire (Wenz et al., 2009). L'impact du vieillisement sur l'expression et la régulation d'AMPK, régulateur majeur de PGC-1α, reste à préciser. Thomsons & Gordon ont observé une augmentation de l'activité d'AMPK dans des muscles rapides de rats âgés comparés à des rats jeunes après « synergist ablation induced overload » (Thomson and Gordon, 2005), phénomène pouvant être décrit comme adaptatif, du fait d'une carence énergétique. Chez l'homme, il a été mis en évidence une augmentation de la phosphorylation d'AMPK suite à un exercice en résistance chez des personnes âgées mais non chez les jeunes. A l'inverse, et de façon concordante, d'autres études ont montré chez le rat âgé une réduction de l'activité d'AMPK mais répondant à la stimulation par l'AICAR, associée à une diminution de la biogénèse mitochondriale et de la densité mitochondriale (Qiang et al., 2007; Reznick et al., 2007). Thomson et al, 2009, ont dans ce contexte montré que suite à des contractions musculaires à haute fréquence, le muscle squelettique de rat âgé présente une augmentation de l'activité et de la phosphorylation de l'AMPK beaucoup plus importante que le rat jeune (Thomson et al., 2009). A l'inverse, ils n'ont pas retrouvé de différence avec l'âge sur la réponse de l'AMPK suite à une stimulation à l'AICAR. Ces différentes études suggèrent donc plutôt une hyperactivation d'AMPK avec l'âge, qui peut être mise en relation avec l'augmentation massive de la protéine mitochondriale découplante UCP3 suggérant une inefficacité mitochondriale. Mais les mécanismes adaptatifs de cette réponse signalétique au niveau d'AMPK restent méconnus.

Au-delà de la structure, le vieillissement impacte également sur l'aspect fonctionnel des mitochondries. Trois grandes fonctions de la mitochondrie ont été identifiées dans des modèles murins ou cellulaires, comme pouvant être altérées avec l'avancée en âge et contribuer au processus de sarcopénie: la production d'ATP, la production de ROS et la fonction du PTP mitochondrial dans la régulation de l'apoptose (Capel et al., 2005; Chabi et al., 2008; Muller et al., 2007; Picard et al., 2010; Shigenaga et al., 1994). Ces altérations ont également été montrées chez l'homme sur le muscle squelettique (Short et al., 2005; Tonkonogi et al., 2003). Une élévation de la production de EORs et une dysfonction du mPTP peuvent également engendrer l'atrophie via la voie mitochondriale de l'apoptose (Marzetti et al., 2010). Mais ces altérations sont également associées à une diminution de la capacité de production d'ATP activant secondairement les voies de l'autophagie et du protéasome via l'AMPK (Tong et al., 2009). Cette diminution d'ATP (altération fonctionnelle) observée avec l'âge peut être due au déclin de la densité mitochondriale (altération structurelle) (Corsetti et al., 2008), ou à l'augmentation du découplage mitochondrial (efficacité de production d'ATP par rapport à la consommation d'oxygène) observée dans le muscle âgé, particulièrement dans les fibres de type II (Conley et al., 2007). Dans leur ensemble, ces résultats montrent que lors du vieillissement, la mitochondrie subit des altérations progressives impactant sa biogénèse mitochondriale et sa fonctionnalité et que ces altérations participent activement à la mise en place de la sarcopénie, vieillisement physiologique du tissu musculaire.

3.1.2. Inhibition de la myostatine, un modèle de lutte contre l'atrophie

Dans l'optique de contrecarrer la sarcopénie avec l'âge, plusieurs approches ont pu être répertoriées. Parmi les stratégies thérapeutiques de lutte contre l'atrophie musculaire, une attention particulière a été portée sur l'inhibition de la myostatine, un régulateur négatif de la masse musculaire.

Depuis sa découverte, **la myostatine (mstn)** a suscité un intérêt scientifique important car les premières études ont montré un **rôle déterminant** de cette protéine dans le **contrôle de la masse musculaire** (Carnac et al., 2007; McPherron et al., 1997). Egalement appelée GDF-8, ce facteur est un régulateur négatif de la masse musculaire, il fait partie de la famille des TGF-β (Tranforming growth factor). *In vitro*, la surexpression de la mstn dans des cellules musculaires inhibe l'activation des cellules satellites et leur différenciation en myotubes induisant une diminution de la taille et du nombre de fibres musculaires (Langley et al., 2002; McCroskery et al., 2003). *In vivo*, l'administration ou la surexpression de la mstn induit un phénotype d'atrophie musculaire chez la souris (Zimmers et al., 2002). Cette atrophie est également retrouvée dans des expériences d'électroporation d'un plasmide codant pour le gène de la mstn dans le muscle de rat (Durieux et al., 2007; McCroskery et al., 2003). Chez l'homme, des taux élevés de mstn sont mesurés au cours de la fonte musculaire associée à diverses causes physiopathologiques telles que la sarcopenie liée à l'âge (Yarasheski et al., 2002), l'atrophie associée aux maladies chroniques ou les myopathies (Abe et al., 2009; Gonzalez-Cadavid et al., 1998; Hayot et al., 2011).

A

B

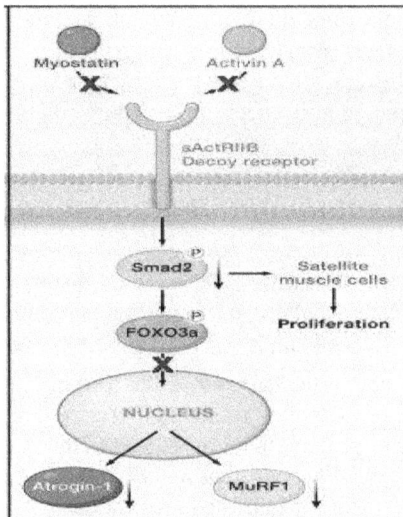

Figure 22: Effets de l'inhibition de la myostatine.
A. Des mutations expérimentales ou naturelles du gène de la mstn ont été trouvées chez les bovins (appelés « culards) et les ovins toujours associées à un phénotype hypermusclé. Un cas tout à fait unique a été retrouvé chez l'homme suite à une mutation génétique naturelle (Schuelke et al. 2004). B. Inhibition de la voie de signalisation de la mstn en bloquant les récepteurs. Mstn et Activine A (membre de la famille des TGF-β) ne peuvent plus se lier aux récepteurs à l'activine de type II (ActRIIB), résultant en l'inhibition de la phosphorylation de Smad2. Ceci engendre l'augmentation de la prolifération des cellules satellites et l'inhibition de FOXO3a entrainant une diminution de l'expression des ubiquitines ligases MURF1 et atrogin1. Il en résulte une augmentation des myosines et la production de nouveau muscle, contrecarrant ainsi la perte de masse musculaire. D'après Tisdale, Cell, 2010.

Mais l'intérêt scientifique suscité par cette protéine résulte sur le potentiel bénéfique de l'inhibition de la mstn, qui est associé à un phénotype hyper-musclé, avec une diminution de la masse grasse (McPherron et al., 1997) **(Figure 24)**. Compte tenu de cet effet anabolique, l'inhibition de la mstn apparaît comme une thérapie prometteuse pour pallier les diverses affections présentant une atrophie musculaire. Les recherches actuelles cherchent à développer des modèles d'inhibition de l'expression de la mstn soit en modulant génétiquement l'expression de la mstn, soit en bloquant les récepteurs transmembranaires de mstn, soit en maintenant une forme inactive de la mstn par des inhibiteurs (Rodino-Klapac et al., 2009).

Dans ce cadre et dans un but d'exploration, l'équipe McPherron a créé en 1997 la souris KO mstn, ou souris mstn -/-, résultant d'une délétion par thérapie génique de l'exon 3 codant pour la myostatine, inactivant le gène myostatine (McPherron et al., 1997). Les analyses histologiques du muscle des souris mstn -/- montrent à la fois une augmentation du nombre (hyperplasie) et de la taille (hypertrophie) des fibres musculaires (McPherron et al., 1997). On observe lors du développement embryonnaire de ce génotype, une augmentation du diamètre, du nombre de noyaux et du contenu total en protéines des fibres musculaires sans augmentation équivalente du taux de graisse (Whittemore et al., 2003). Les souris mstn -/- présentent un nombre plus important de cellules satellites par fibre musculaire et de cellules satellites activées (McCroskery et al., 2003). Ainsi, pour évaluer l'intérêt d'une inhibition de la voie de la mstn dans le domaine des myopathies congénitales, diverses études ont réalisé des croisements des modèles animaux de la souris KO mstn avec des souris mdx (modèle murin de la DMD), ou évalué chez ces dernières, des traitements avec des inhibiteurs pharmacologiques de la mstn. Les premiers résultats sont encourageants (Krivickas et al., 2009; Rodino-Klapac et al., 2009).

En effet, le croisement de la souris mdx avec la souris KO mstn, restaure partiellement la masse musculaire et améliore la force musculaire, tout en réduisant la fibrose dans le diaphragme, facteur de mortalité dans cette pathologie (Wagner et al., 2002). De plus, une inhibition directe de la mstn chez la souris mdx induit une augmentation de la masse, de la taille et de la force des fibres musculaires (Amthor and Hoogaars, 2012; Bogdanovich et al., 2005; Patel et al., 2005). Ces résultats sont d'autant plus prometteurs que Amthor et al., montrent qu'il n'y a pas d'activation supplémentaire liée au blocage de la myostatine des cellules satellites dans le muscle adulte, ni dans le muscle dystrophique de la souris mdx. Ainsi l'inhibition de la mstn stimule la croissance des fibres musculaires préexistantes ou récemment régénerées sans « sur-stresser » les cellules souches, permettant d'utiliser cette stratégie thérapeutique dans la DMD car ne risque pas à long terme de diminuer encore plus la capacité régénérative observée dans cette pathologie musculaire (Amthor et al., 2009). En utilisant le modèle de cellules satellites issues de souris déficientes en mstn, Rodriguez et al., 2011 démontrent que l'absence de mstn active la voie PI3K/Akt/mTOR, et résulte en une meilleure activité de synthèse des protéines, via une nette amélioration de l'initiation de la traduction (Rodriguez et al., 2011). L'impact de la déficience en mstn sur la masse musculaire a été confirmée par la suite dans d'autres myopathies (Bogdanovich et al., 2008). Cependant, chez les souris déficientes en γ-sarcoglycan ($Sgcg^{-/-}$), modèle murin de la dystrophie musculaire des ceintures (LGMD2C), aucune augmentation de la force spécifique n'a été rapportée, ni d'amélioration évidente de l'histopathologie. Mais outre ces modifications qui peuvent être considérées comme bénéfiques, les études montrent depuis une dizaine d'années maintenant, que la déficience en mstn engendre au niveau musculaire des spécificités métaboliques et contractiles non négligeables.

3.1.3. Répercussions contractiles et métaboliques de la déficience en mstn

Au delà de l'hypertrophie, la déficience en mstn induit des conséquences métaboliques et fonctionnelles, pouvant altérer le tissu musculaire. En effet, l'augmentation de force suite à l'inhibition de mstn n'est pas toujours retrouvée et reste à l'heure actuelle controversée (Amthor et al., 2007). La tension spécifique du muscle (ratio de la force rapporté à la masse musculaire, mN/mg), un marqueur de l'efficacité contractile, est réduit chez la souris KO mstn comparée aux souris contrôles (Mendias et al., 2006; Schirwis et al., 2013). Chez l'homme, l'effet systémique de MYO-029, un inhibiteur de la mstn, a été évalué lors d'un essai clinique sur 116 patients atteints de myopathies (Wagner et al., 2008). Les résultats montrent une bonne tolérance, et l'absence d'effets secondaires majeurs. L'efficacité clinique n'a cependant pas été significative, même si certains effets positifs histologiques et structuraux ont pu être identifiés chez certains patients. Krivickas et al. (2009) montrent par la suite que l'inactivation de la mstn grâce à un anticorps permet d'augmenter les propriétés contractiles des fibres isolées de patients atteints de dystrophie, mais pas la force du muscle *in vivo*. Ainsi, **absence de mstn n'est pas synonyme d'augmentation de force spécifique**. De plus, cette spécificité contractile s'accompagne de modifications métaboliques. En effet, la mstn influe également sur la typologie musculaire. Les souris KO mstn présentent une plus grande proportion de fibres rapides glycolytiques de type II et une proportion réduite de fibres lentes oxydatives de type I (Girgenrath et al., 2005). Cette spécificité phénotypique suggère donc d'un point de vue métabolique, un profil glycolytique du muscle déficient en mstn. En accordance avec ce profil glycolytique, il a également été rapporté une augmentation de la sensibilité à l'insuline, une élévation des transporteurs glucidiques GLUT4 ainsi que le marqueurs de la voie de l'insuline AKT (Zhang et al., 2011). Récemment, une diminution de l'activité de la citrate synthase, principale enzyme du métabolisme oxydatif, ainsi qu'une diminution de la densité mitochondriale, comparées à des souris contrôles, sont également rapportées. Ces altérations du métabolisme oxydatif du muscle diminuent le rapport entre masse mitochondriale et musculaire et peuvent déclencher ou aggraver une déficience énergétique (Amthor et al., 2007; Lipina et al., 2010; Savage and McPherron, 2010). Enfin, Ploquin et al, ont mis en évidence un découplage de la respiration des mitochondries intermyofibrillaires dans le muscle glycolytique de souris KO mstn (Ploquin et al., 2012). Ces anomalies sont caractérisées par une diminution de l'efficacité du couplage respiratoire mitochondriale, entraînant un excès de consommation en oxygène pour une même production d'ATP, engendrant des perturbations du statut rédox. Une étude récente a également montré, par imagerie magnétique à résonnance et spectroscopie, que la déficience en mstn engendre une diminution des performances mécaniques et une augmentation du cout énergétique de la contraction musculaire (Giannesini et al., 2013). Ceci pourrait contribuer à l'altération de la réponse du muscle à un exercice en endurance récemment décrite (Ploquin et al., 2012). Cependant, ces altérations de la fonction musculaire chez la souris KO mstn peuvent être améliorées par l'exercice en endurance, remodelant le profil métabolique et la taille des fibres musculaires déficiente en mstn (Matsakas et al., 2012). Ceci met en avant **l'intérêt potentiel d'une thérapie adjuvente à l'inhibition de la myostatine centrée sur la stimulation de la biogénèse mitochondriale.**

3.1.4. Inhibition de la myostatine : intérêt chez le sujet âgé

Limiter pharmacologiquement l'atrophie du sujet âgé par l'inhibition de la mstn est devenu un objectif spécifique pour le traitement de la perte de masse musculaire liée à l'âge. En effet, une étude a montré qu'une inhibition aigüe de la mstn, en utilisant l'anticorps PF-354 chez des souris âgées de 24 mois, augmente le poids corporel (LeBrasseur et al., 2009). De plus, l'inhibition génétique de la mstn atténue l'atrophie du muscle squelettique liée à l'âge (Murphy et al., 2010; Siriett et al., 2006). Outre l'hypertrophie, d'autres études ont démontré l'intérêt d'inhiber la mstn dans la prévention de l'altération de la fonction cardiaque liée à l'âge (Jackson et al., 2012), de l'ostéoporose et de la sensibilité à l'insuline chez la souris âgée (Morissette et al., 2009). Dans leur ensemble, ces résultats suggèrent que bloquer la mstn peut être une stratégie efficace pour améliorer la masse musculaire, la fonction physique et la composition corporelle métabolique de sujets âgés.

Mais reste la question du métabolisme musculaire… **Quel est l'impact de l'âge sur le tissu musculaire déficient en mstn, sur le métabolisme oxydatif et la fonction mitochondriale déjà dégradés chez les jeunes souris déficiente en mstn?**

En effet, au delà de la masse musculaire, la fonction métabolique du muscle reste un élément déterminant dans la performance musculaire. Des essais cliniques sont déjà en cours chez la personne âgée saine pour évaluer l'impact de l'inhibition de la mstn sur la masse musculaire. Il est donc nécessaire d'identifier les effets métaboliques de l'âge pouvant potentialiser les effets négatifs sur le métabolisme aérobie induit par la déficience en mstn et de réfléchir sur des stratégies thérapeutiques permettant de limiter ces effets. Dans ce contexte, Matsakas et al ont montré que le tissu déficient en mstn peut répondre à des stratégies d'améliorations par l'exercice physique en endurance (Matsakas et al., 2012). Une autre stratégie thérapeutique intéressante est l'utilisation de molécules pharmacologiques dites mimétiques de l'exercice comme l'AICAR, introduit précédemment comme activateur du métabolisme oxydatif et mitochondrial. En effet, Narkar et al ont montré qu'un traitement de 4 semaines à l'AICAR améliore l'endurance et active les gènes mimétiques de l'exercice (Narkar et al., 2008). Ce type de traitement pharmacologique semble répondre spécifiquement à l'objectif de contrecarrer l'altération du métabolisme oxydatif et mitochondrial du tissu musculaire âgé et plus particulièrement sur le tissu musculaire déficient en mstn.

Répondre à ces deux questions :
Quel est l'impact de l'âge sur le métabolisme et la fonction mitochondriale du tissu musculaire déficient en mstn?
Quel est l'effet d'un traitement à l'AICAR sur le tissu musculaire âgé et plus particulièrement sur le tissu musculaire déficient en mstn ?

a donc représenté l'objet de mon premier travail scientifique de thèse présenté ici dans ce rapport. Cette étude fait l'objet d'un article original actuellement soumis.

3.2. Dystrophie de Duchenne

Contrairement au vieillissement qui est un processus physiopathologique lent, continu et altérant la fonction musculaire de manière « physiologique », dans certains cas, des mutations génétiques au cours du développement musculaire embryonnaire rompt dès la naissance le processus d'homéostasie, c'est le cas de la Dystrophie Musculaire de Duchenne.

3.2.1. Généralités

Décrite en 1860 par le neurologiste français Guillaume Duchenne, la dystrophie de Duchenne ou DMD représente la maladie neuromusculaire la plus répandue, touchant 1 garçon sur 3500. Elle résulte de l'absence sur le chromosome X du gène codant pour la dystrophine, et donc l'absence de cette protéine dans le tissu musculaire.

Maladie génétique évolutive, la DMD est caractérisée par la dégénérescence de la fibre musculaire striée dont la conséquence est l'altération des fonctions vitales (respiratoires, cardiaques). En effet les symptômes évoluent avec l'âge. Il existe peu de signes avant l'âge de 3ans, l'enfant marche parfois tard, tombe souvent. Ce déficit moteur peut être associé à une pseudo-hypertrophie musculaire, ce qui témoigne à ce stade de la capacité de la fibre musculaire à se régénérer (très visible au niveau des mollets, courbure convexe de la colonne vertébrale). Une faiblesse musculaire apparait au fil des années car le processus de régénération des fibres musculaires s'altère. En effet, à ce stade, des concentrations élevées en créatine kinase ou lactate déshydrogénase sont observées dans le compartiment sanguin, témoignant d'une perméabilité membranaire anormale et donc d'un phénomène de dégénération des fibres musculaires ou d'inflammation. L'utilisation des membres inférieurs devient impossible vers l'âge de 10-12ans, et impose la nécessité d'un fauteuil roulant. La DMD se caractérise alors par un affaiblissement progressif des muscles des membres, du tronc, jusqu'à atteindre les muscles respiratoires et cardiaques. L'atteinte des muscles respiratoires (diaphragme essentiellement) s'accompagne d'une sensibilité aux infections broncho-pulmonaire et aux risques de décompensation respiratoire. Le décès des patients atteints de la DMD est dans 70% des cas du à une atteinte des fonctions

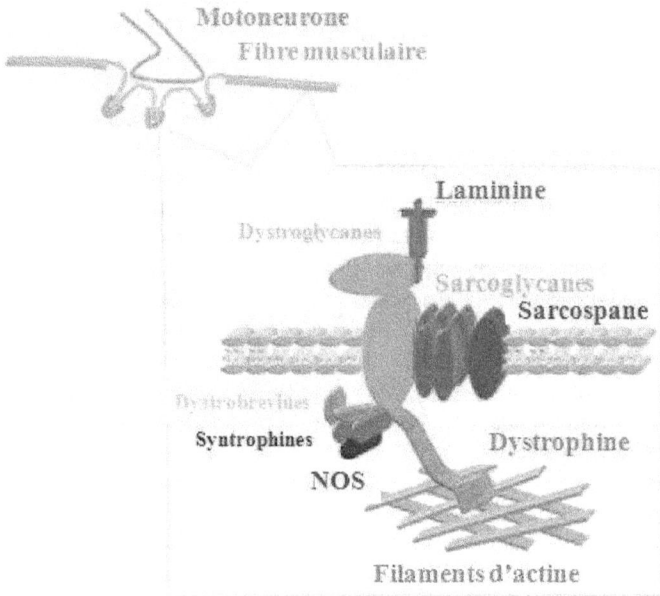

Figure 23: Représentation schématique de la localisation de la dystrophine dans une fibre musculaire.

La dystrophine se situe sous le sarcolemme des fibres musculaires ainsi qu'à la jonction neuromusculaire. La dystrophine lie les filaments du cytosquelette d'actine avec la matrice extracellulaire via le complexe des protéines associées à la dystrophine (DAP). Ce complexe contient les dystroglycanes (α et β), les sarcoglycanes (α, β, δ, γ et ε), le sarcospane, les syntrophines (α et β), les dystrobrevines et NOS. D'après Chakkalakal et al., 2005.

respiratoires (Smith et al., 1987). Le muscle cardiaque peut également être atteint, avec l'apparition d'une myocardiopathie, autre facteur de mortalité. Malgré les nombreuses avancés de la recherche notamment chez l'animal, et plus particulièrement la souris mdx, le seul traitement efficace actuel dans cette pathologie et qui a permis d'allonger l'espérance de vie des sujets atteints à environ 40 ans, est la ventilation mécanique non invasive (Kieny et al., 2013). La dystrophine est une protéine sub-sarcolemmale du cytosquelette présente dans toutes les cellules musculaires (striées, squelettiques et cardiaques). Elle est associée à un complexe glycoprotéinique comportant trois sous éléments : le complexe des dystroglycanes, le complexe des sarcoglycanes et celui de l'alpha-dystrobrevine-synthrophine (Tinsley et al., 1992) (**Figure 25**). Ce complexe de protéines permet le maintien architectural de la membrane musculaire et une bonne cohésion des fibres musculaires les unes avec les autres, en faisant un lien entre le milieu intra cellulaire (avec les filaments d'actine) et extra cellulaire. L'absence de cette dystrophine fragilise la membrane vis à vis d'un stress mécanique induit par la contraction musculaire et une dégénérescence progressive du muscle va s'en suivre, ainsi que des conséquences physiopathologiques importantes, marquée par une atrophie. Un stress mécanique au niveau du sarcolemme se développe suite à toute contraction de la fibre musculaire déficiente en dystrophine, induisant la genèse de microlésions responsable d'une perte de l'homéostasie vis à vis du milieu extérieur ainsi que des phénomènes de mort cellulaire, décrit dans le chapitre II de cette revue de littérature.

Ainsi, de nombreux processus secondaires physiopathologiques ont été mis en évidence avec la présence d'une altération de l'homéostasie calcique (Fong et al., 1990; Gailly, 2002), d'un stress oxydant (Rando et al., 1998), d'une l'inflammation (Porter et al., 2002), d'une augmentation de l'apoptose et d'une altération du métabolisme énergétique au niveau mitochondriale (Even et al., 1994; Kuznetsov et al., 1998). L'augmentation de la concentration de calcium cytosolique, aggravé par la dysfonction mitochondriale, ne jouant plus son rôle de tampon vis à vis du calcium, pourrait être un des mécanismes principaux à l'origine de ces différentes conséquences physiopathologiques (Turner et al., 1991). Ces deux mécanismes seront abordés dans les deux derniers points de cette revue de la littérature.

Leur prise en compte dans une démarche thérapeutique est capitale. En effet, la thérapie génique, bien que très prometteuse, reste excessivement limitée en terme d'application chez l'homme. Ainsi, parallèlement aux thérapies géniques essayant de rétablir la mutation du gène codant pour la dystrophine, il est également essentiel de développer des thérapies complémentaires pharmacologiques, simple d'utilisation, permettant de limiter les conséquences physiopathologiques de cette maladie. Parmis elle, l'altération de la fonction mitochondriale ainsi que les troubles de l'homéostasie calcique associées, qui sont les deux principales conséquences physiopathologiques de l'absence de dystrophine, ont été au centre de mes travaux de recherche sur le modèle de la souris mdx

3.2.2. Altération mitochondriale dans la DMD

Une altération de la fonction mitochondriale a pu être mise en évidence dans la dystrophie musculaire de Duchenne. Au niveau du muscle squelettique, Kuznetsov et al., ont observé une diminution de 50% de la vitesse d'activité des enzymes de la chaîne respiratoire mitochondriale (Kuznetsov et al., 1998) et il a également été montré un dysfonctionnement du métabolisme énergétique avec altération de l'utilisation de l'oxydation du glucose et des acides gras (Even et al., 1994). Chakraborti et al. ont émis l'hypothèse que l'altération de la fonction mitochondriale observée dans le muscle déficient en dystrophine pourrait être un paramètre important participant à la surcharge calcique décrite classiquement dans la DMD (Chakraborti et al., 1999) et cette altération de la fonction mitochondriale pourrait ainsi jouer un rôle de premier plan dans la mise en place des mécanismes physiopathologiques secondaires liés à l'absence de dystrophine. Plus récemment, une diminution de l'expression de nombreux gènes mitochondriaux, tels que celui du cytochrome c oxydase, a également été observée (Chen et al., 2000). En effet, ces travaux ont véritablement mis en évidence un déficit important dans l'expression de gènes impliqués dans le métabolisme oxydatif au point de parler de "crise métabolique".

Au niveau mitochondrial, cette crise métabolique va *in fine* induire la libération de protéine pro-apoptotique dans le cytoplasme ainsi que la formation d'espèces oxygénées réactives (Green and Kroemer, 2004). L'inflammation et le stress oxydant qui en découlent, vont de plus augmenter la perméabilité de la membrane mitochondriale vis à vis du calcium (Zoratti and Szabò, 1995) générant ainsi un cercle vicieux par rapport à la surcharge calcique (Chakraborti et al., 1999; Fong et al., 1990). De plus, une atténuation de la nécrose de la fibre musculaire déficiente en dystrophine a été montrée lors de l'inhibition pharmacologique ou génétique des voies menant à la destruction mitochondriale par apoptose suite à l'ouverture du canal PTP (Millay et al., 2008). La dysfonction mitochondriale va réduire la production d'ATP nécessaire notamment aux différentes pompes à calcium ATP dépendantes, ce qui déclenche des processus de mort et de survie cellulaire par apopotose dont les mécanismes ont été précisés dans les chapitres précédant de cette revue de la littérature. Quand à l'autophagie, qui pourrait également intervenir suite à cette crise métabolique, du faite de la carence énergétique, elle n'a jamais été décrite avant mon travail de recherche dans le modèle de souris mdx. Dans son ensemble, cette revue de littérature montre que l'altération de la fonction mitochondriale et de l'homéostasie calcique sont intimement liées, du fait des liens étroits entre mitochondrie et l'organite principal responsable du maintien de l'homéostasie calcique, le RS.

Ainsi dans une démarche de recherche de cibles thérapeutiques dans la DMD, l'intérêt des molécules permettant d'améliorer la masse et/ou la fonction mitochondriale défaillante est majeur. Une telle approche thérapeutique diminuerait la charge calcique par unité mitochondriale, permettant ainsi de limiter les différents processus de morts cellulaires inhérent à la physiopathologie de la dystrophie musculaire liée à l'absence de dystrophine.

Stratégie thérapeutique mise en place pour améliorer la fonction mitochondriale dans la DMD

Depuis les années 60', l'exercice est reconnu comme un stimulus au niveau musculaire permettant d'augmenter l'activité et la quantité des mitochondries (Holloszy, 1967). Ainsi, Gayraud et al, dans notre équipe, ont pu stimuler par l'exercice la fonction mitochondriale avec un résultat bénéfique sur la fonction contractile du diaphragme (Gayraud et al., 2007). En effet, l'exercice de faible intensité réalisé sur le diaphragme consistait en une hyperventilation en chambre hypercapnique, permettant d'augmenter spécifiquement le travail des muscles respiratoires. Pourtant, dans la DMD, les bienfaits de l'exercice restent une question débattue depuis longtemps. Certains auteurs ont rapporté que l'exercice pouvait provoquer une aggravation du processus lésionnel musculaire chez la souris mdx (Podhorska-Okolow et al., 1998), ce qui était en contradiction avec l'amélioration de la fonction musculaire, dans le même modèle animal, observée dans d'autres études (Carter et al., 1995; Dupont-Versteegden et al., 1994; Kaczor et al., 2007). En faisant la synthèse, il apparaît donc que l'exercice peut être bénéfique ou dommageable pour le muscle dystrophique en fonction du type d'exercice, de son intensité, de l'âge des souris et du choix des variables mesurées. A ce jour, d'autres études sont nécessaires pour mieux préciser les modalités de l'exercice afin de maximaliser les effets bénéfiques sans augmenter ses effets négatifs. Une manière de potentialiser ces effets bénéfiques sans augmenter le stress mécanique pourrait être de mimer pharmacologiquement les effets de l'entraînement sur la biogénèse mitochondriale. Le rôle primordial de PGC-

1α dans la biogénèse mitochondriale a été présenté dans la première partie de notre revue de la littérature. Récemment, des approches pharmacologiques et génétiques visant entre autre le métabolisme mitochondrial, sont apparues. En effet, Khairallah et al., ont récemment montré qu'une surexpression de cGMP (cyclic Guanosine monophosphate) activant le facteur de transcription PGC-1α, grâce à la thérapie génique (croisement de souris surexprimant un domaine de Guanyle Cyclase spécifiquement dans le cœur avec la souris mdx) ou à une approche pharmacologique (phosphodiesterase 5 inhibitor, sidenafil), permettait d'améliorer dans le cœur de souris mdx la fonction mitochondriale et d'avoir une meilleure résistance aux dommages induits par une contraction (Khairallah et al., 2008). Dans ce contexte, Handschin et al. ont croisé une souris mdx avec une souris surexprimant le facteur PGC1-α (Handschin et al., 2007a). Cette souris présente une nette amélioration de sa fonction mitochondriale par rapport à la souris mdx. De plus, son phénotype dystrophique a nettement diminué comme l'atteste la diminution de la créatine kinase sanguine, l'amélioration du phénotype musculaire observé par histologie ainsi que l'amélioration de la fonction musculaire. Enfin, Godin et al. ont transfecté *in vivo* un plasmide codant pour PGC1-α et ont pu observer une amélioration de la densité mitochondriale, une augmentation de la concentration de calcium intra mitochondriale nécessaire à l'ouverture du PTP et donc une augmentation du pouvoir tampon de la mitochondrie pour le calcium. Ceci est associé avec une diminution de l'activité des caspases 3 et 9 ainsi que des calpaines, protéases dépendantes du calcium (Godin et al., 2012).

Enfin, l'autophagie, bien que devant être logiquement présente dans la DMD, du faite d'une carence énergétique, n'a encore été jamais décrite dans cette pathologie. Pourtant, elle joue un rôle critique dans le contrôle de la qualité cellulaire en éliminant les protéines ou organites endommagées telles que les mitochondries altérées. Ainsi, de récentes études ont mis en avant le lien entre mitophagie et dystrophie musculaire déficiente en collagen VI (Grumati et al., 2010; Youle and Narendra, 2011). Une altération de la mitophagie semble engendrer l'accumulation de mitochondries endommagées induisant non seulement une diminution de la production d'énergie mais aussi une diminution de leur qualité fonctionnelle vis à vis de leur rôle dans les échanges calciques, ce qui se traduit par une une augmentation de la susceptibilité du PTP à s'ouvrir pour des concentrations de calcium intra-mitochondriale moindre (Palma et al., 2009).

Dans ce contexte, notre deuxième article a postulé que l'activation thérapeutique de l'AMPK serait bénéfique sur le

phénotype dystrophique. Nous avons émis comme hypothèse mécanistique une amélioration de la masse mitochondriale ou une amélioration de la qualité fonctionnelle des mitochondries.

De plus, cette amélioration pourrait passer par une stimulation de l'autophagie par des mécanismes bien décrits dans la revue de la littérature, permettant d'éliminer les mitochondries endommagées chez la souris mdx. La conséquence serait un renouvellement mitochondrial plus efficace, permettant de maintenir une ouverture retardée du PTP et ainsi une diminution du phénotype musculaire dystrophique.

3.2.3. Altération de l'homéostasie calcique dans la DMD

Comme nous l'avons vu dans les précédents chapitres, la régulation de l'homéostasie calcique est primordiale pour une contraction optimale et également intimement liée à la fonction mitochondriale. Dans ce mécanisme, le reticulum endo-sarcoplasmique joue un rôle majeur dans le couplage excitation-contraction (E-C) en étant la réserve principale de calcium dans la cellule. De plus, les liens étroits entre RE-RS et mitochondrie participent à la régulation de l'homéostasie calcique cellulaire. Toute altération du fonctionnement du RE-RS (stress du RE, surcharge calcique...) et de ses points de contact avec la mitochondrie engendre les processus de mort cellulaire comme l'apoptose et l'autophagie.

Chez la souris mdx, l'instabilité du sarcolemme résultant de l'absence de dystrophine participe majoritairement à la pathogénèse (Petrof et al., 1993). Ceci engendre l'augmentation de l'entrée du calcium extracellulaire impliquant des niveaux de calcium excessifs, du stress oxydant et une activation précoce des voies signalétiques protéolytique et apoptotique (Petrof, 2002; Ruegg et al., 2002; Tidball and Wehling-Henricks, 2007). De plus, il a été suggéré que l'élévation de la concentration de calcium cytosolique, dans des conditions de repos, associée à l'activation des protéases dépendantes du calcium, pouvait être un mécanisme liant le défaut génétique et le phénotype DMD (Fong et al., 1990; Turner et al., 1988, 1991). Dans des myotubes provenant de muscle squelettique de souris mdx, il a été montré une élévation de la concentration de calcium dans le RS, $[Ca^{2+}]_{RS}$, et du calcium mitochondrial, $[Ca^{2+}]_{mt}$, suite à une dépolarisation de la membrane (Robert et al., 2001). De plus, Fauconnier et al, ont montré une altération, au niveau du RS, du canal calcique RyR dans le cœur de souris mdx. Cette altération fonctionnelle du canal RyR semble participer pleinement aux troubles de l'homéostasie calcique et les conséquences physiopathologiques sous jacentes. En effet, une amélioration de ce canal via un stabilisateur de sa protéine régulatrice FKBP12.6, le S107 (Rycal), inhibe les fuites calciques du RS avec au niveau cardiaque une prévention des arythmies cardiaques et au niveau musculaire périphérique une amélioration du phénotype et de la fonction contractile chez la souris mdx (Bellinger et al., 2009; Fauconnier et al., 2010). Enfin, les récepteurs à l'IP3, participant également à la libération de calcium par le RS, sont également altérés dans le muscle dystrophique. En effet, une augmentation du niveau basal d'IP3 dans des lignées de cellules humaines et murines dystrophiques comparées à des cellules saines, ainsi qu'une augmentation de la densité des récepteurs à l'IP3, a été rapportée, suggérant l'implication de l'altération d'IP3R dans la dysrégulation du calcium intracellulaire (Liberona et al., 1998). Ainsi, parmi les mécanismes décrits dans la physiopathologie de la DMD, on retrouve : une crise métabolique, des troubles de l'homéostasie calcique, un stress oxydant et une activation des différentes voies de mort cellulaire à la base du phénotype dystrophique.

Au vue de cette vaste revue de la littérature sur l'implication de la mitochondrie dans la physiopathologie, la présence d'un stress du RE et ses conséquences sur la régulation des flux calciques entre RS et mitochondrie, bien que jamais encore décrits dans cette pathologie, semble être largement impliqué. En effet, un stress du RE a été observé dans des myopathies, comme la dystrophie myotonique de type I (Ikezoe et al., 2007) ou dans la myosite inflammatoire à inclusion sporadique (Vitadello et al., 2010), mais jamais dans le cadre de la DMD. Dans ce contexte, la dernière partie de ma thèse s'est attachée à répondre à l'hypothèse de la présence, dans le modèle de souris mdx, d'un stress du RE, associé à une réponse UPR. Mais décrire un phénomène ne suffit pas vis à vis d'une perspective thérapeutique. En effet, la présence d'un stress du RE, peut être appréciée comme un mécanisme compensateur, et donc devant être stimulé, ou un mécanisme délétère, devant être inhibé. Ceci justifie l'essai de molécule activant ou inhibant ce stress du RE. Peu d'étude se sont intéressées au stress du RE dans les fibres musculaires saines ou pathologiques.

Ainsi, dans un premier temps, j'ai voulu étudier **l'impact de l'induction d'un stress du RE par la tunicamycine, sur l'homéostasie calcique et la contractilité du muscle sain.** Dans un deuxième temps, d'un point de vue physiopathologique, j'ai voulu répondre aux questions suivantes:

Existe-il un stress du RE chez la souris mdx ? Si oui, est-il associé à des conséquences sur l'homéostasie calcique similaires à celles que j'ai observées sur la fibre musculaire saine? Enfin, afin d'identifier une cible thérapeutique, quel serait l'impact d'une activation ou d'une inhibition pharmacologique du stress du RE, sur l'homéostasie calcique et les processus de mort cellulaire, ainsi que sur le phénotype, dans une fibre musculaire déficiente en dystrophine.

Objectifs

Par ses nouvelles fonctions émergentes, la mitochondrie joue un rôle majeur dans le destin de la cellule, en ayant un impact sur les voies de signalisation de mort et de survie cellulaire. Grâce à cette position de sentinelle, la mitochondrie impacte sur la physiopathologie musculaire.

Les objectifs de cette thèse s'orientent sur l'implication de la mitochondrie dans la physiopathologie de différents modèles murins caractérisés par une atrophie et une dysfonction mitochondriale musculaire: le vieillissement et la dystrophie musculaire de Duchenne.

Suite à la perte de masse musculaire, la déficience en mstn connue pour induire un phénotype hypermusculé, est une stratégie thérapeutique prometteuse. Or, suite à l'observation chez la souris KO mstn jeune d'une dysfonction mitochondriale, notre premier objectif a été d'étudier l'effet de l'âge sur le métabolisme oxydatif et la fonction mitochondriale de la souris KO mstn âgée, et d'observer, dans une optique thérapeutique, si ceux-ci peuvent être améliorer par une molécule pharmacologique telle que l'AICAR (**Article 1**).

Dans un second temps, nous avons porté notre attention sur la dysfonction mitochondriale bien décrite chez la souris mdx, en étudiant dans ce contexte les effets de l'activation de l'autophagie par l'AMPK sur le phénotype dystrophique de cette souris (**Article 2**).

Enfin, dans le but de mieux comprendre l'implication de la mitochondrie dans les processus de mort cellulaire, le troisième objectif de ce travail s'est concentré sur l'évaluation des relations mitochondrie-RS dans un contexte de stress du RE chez la souris mdx (**Article 3**).

Méthodologie

Méthodologie

La méthodologie utilisée et les paramètres mesurés dans les différentes études de ce travail de thèse sont décrits ci-dessous de façon détaillée sous forme de fiches protocole numérotées. Cette méthodologie regroupe les diverses techniques acquises et réalisées lors de mes travaux de thèse. Par soucis de synthèse et de clarté, elles sont présentées selon une catégorisation allant du fonctionnel jusqu'au moléculaire dans le modèle murin.

Ces études ont été réalisées sur différents types de souris :
- La souris contrôle C57BL6,
- La souris KO myostatine, modèle d'hypertrophie musculaire, mstn -/-
- La souris mdx, modèle murin de la dystrophie de Duchenne

Le design expérimental des études et les caractéristiques précises des souris sont présentés dans la partie résultat et publications.

Fiches Protocole

Fonction et morphologie musculaire

1. Mesure des capacités aérobies in vivo sur un tapis de course

La **fatigue** est l'incapacité de l'organisme à maintenir une force et/ou une puissance requise ou espérée pour la réalisation d'une tâche quotidienne ou d'un exercice. L'endurance est une aptitude à maintenir un effort d'une intensité relative donnée pendant une durée prolongée, faisant intervenir les capacités aérobies de l'organisme étudié.

Mesure des capacités aérobies de la souris in vivo: VMA et endurance

- La puissance aérobie peut être évaluée en déterminant la Vitesse Maximale Aérobie (VMA) des souris sur un tapis de course.
- La fatigue est décrite lorsque la souris n'est plus capable de maintenir sa vitesse de course normale même après contact d'une grille délivrant des électrochocs ($\leq$0.2mA) au bout du tapis roulant.

Les souris sont préalablement habituées au tapis de course grâce à une à deux sessions d'habituation d'~ 30min à faible intensité (10 m/min) une semaine avant les mesures.

Protocole

Echauffement
2min à 8m/min

VMA:
1min à 10m/mn puis incrémentation de 2m/min jusqu'à épuisement

Capacité aérobie ou l'endurance:
Temps limite (ou distance) lors d'un test de course sur tapis à 70% de la VMA jusqu'à épuisement

Référence :
Faloona & Srere 1969

90

2. Mesures de propriétés contractiles d'un muscle ex vivo

Les propriétés contractiles d'un muscle (endurance, force...) se mesurent grâce à un set up de contractilité. Les muscles (EDL (Extensor Digitorium Longus), Soleus, bande de diaphragme) peuvent être montés verticalement dans une chambre contenant une solution de Krebs oxygénée et maintenue à 28°C selon la méthode standard (Petrof et al, 1995). La partie costale de la bande du diaphragme est attachée à une plateforme placée dans la chambre, le tendon central était lui fixé avec un fil de soie 4.0 sur le bras du transducteur de force et du système d'étirement. Les stimuli sont délivrés par un stimulateur électrique relié à un amplificateur. La force est affichée sur un oscilloscope et les données enregistrées sur un ordinateur. Les bandes sont stimulées par des électrodes placées dans le bain sur les deux côtés du muscle. L'intensité maximale d'une stimulation est déterminée pour chaque muscle. Une fois le ou les protocoles réalisés, il est nécessaire de peser et mesurer le muscle afin de rapporter les données de force en fonction de la surface musculaire stimulée.

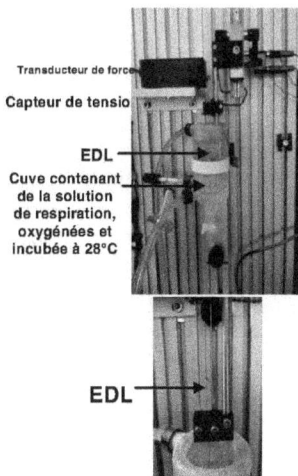

Transducteur de force
Capteur de tension
EDL
Cuve contenant de la solution de respiration, oxygénées et incubée à 28°C

EDL

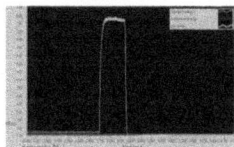

Courbe de Force-Fréquence à 100hz

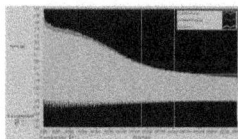

Courbe de décroissance de force au cours du temps d'un strip de diaphragme

---

Protocole

Force Fréquence sur Diaphragme / EDL / Soléaire
Twitch= 2ms, 1 train de 600ms
Stimulation à différentes fréquences pour obtenir la force maximale :
10, 20, 30, 50, 60, 80, 100, 120Hz

Endurance
Twitch=2ms, 30Hz, train= 300ms, 1train/s
Sur l'ordinateur : ↓ Sampling Fq (100Hz au lieu de 1000)
Diaphragme: 600s (régler le temps sur l'ordinateur)
EDL / Soléaire: 300s

Référence :
Petrof et al., AJR Cell Mol Biol, 1995
Bellinger et al., Nat Med, 2009

Materiel et Produits

Set up: model 300C-LR Dual Mode; Aurora Scientific Inc Ontario, CANADA
Stimulateur: S48; Grass Instrument, Quincy, MA
Logiciel: The Dynamic Muscle Control/Data Acquisition et The Dynamic Muscle Control Data Analysis, DMC

Tampon KREBS

	mM	PM	Solution mère	½ Litre	Volume à prélever pour 1l de solution fille
NaCl	118	58,44	172,5 g/l	86,25	40 ml
KCl	4,8	74,55	35,78 g/l	17,89	10 ml
MgSo4	1,2	246,47	29,58 g/l	14,79	10 ml
KH2PO4	1,2	136,09	16,33 g/l	8,165	10ml
CaCl2	2,5	147,02	36,80 g/l	18,4	10ml
NaHCO3	25	84,00			2,10g
Glucose	11,1	180,16			1,99g

Tous les sels sont mis en solution séparément et les solutions mères sont conservées à -4°C.
NaHCO3 et glucose sont à mettre le jour même, en premier NaHCO3 puis en deuxième Glucose. Compléter avec de l'eau distillée, conserver à 4°C.
Le tampon est oxygéné durant toute la durée de l'expérience (95% O_2, 5% CO_2).

3. Détermination de la typologie musculaire

Coupe de tissu musculaire congelé

L'échantillon est placé dans une résine (OCT) permettant de le fixer puis de réaliser des coupes de 10µm du tissu cryo-conservé grâce à un cryostat (Microm, HM560), à -20°C. Ces coupes sont ensuite montées sur des lamelles et conservées à -20°C afin d'y réaliser antérieurement différents types de marquage.

3.1.   Détermination de la morphologie des fibres

Coloration hématoxyline/éosine est réalisée afin de révéler la morphologie du tissu musculaire (transversale ou longitudinale).

- 50 µl d'hématoxyline sont déposés sur la coupe puis rincés après 3 min d'incubation. L'hématoxyline est un colorant violet qui se fixe sur les acides nucléiques et permet donc de révéler les noyaux cellulaires au microscope optique.

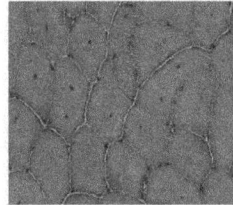

Coloration H&E d'une coupe de quadriceps de souris. (Grossissement x20)

- Quelques gouttes d'éosine sont ensuite déposées sur la même lame et mis en incubation pendant 20s puis rincées. L'éosine est un colorant rose permettant de révéler le cytoplasme.

Microscopie électronique

- Un morceau de diaphragme d'environ 4mg est placé dans une solution de conservation (150µL de glutaraldéhyde + 850µL de Tampon sorensen's).
- L'échantillon est amené au CRIC (Centre Régional d'Imagerie Cellulaire) afin qu'il soit fixé et analysé en microscopie électronique. Des photos à différents grossissements ont pu être prises.

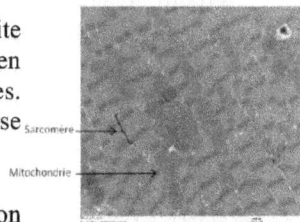

Coupe de diaphragme en microscopie électronique (Grossissement x10000)

Référence :
Briguet et al, Neurom Disord, 2004

93

3.2. Détermination de la typologie des fibres musculaires striées squelettiques par immunofluorescence

Marquage des différents MHC (Myosin Heavy Chain)

Les techniques d'immunofluorescence indirecte permettent d'identifier la localisation d'une protéine sur la coupe histologique d'un tissu. L'anticorps primaire permet la réaction antigène-anticorps: la partie variable de l'anticorps primaire est dirigée contre une séquence antigénique d'une protéine cible que l'on souhaite localiser sur un tissu (protéine d'intérêt). L'anticorps secondaire (anti-immunoglobuline) dirigé vers la partie constante de l'anticorps primaire, est couplé à une molécule fluorescente (CY3 ou FITC) dont l'activité est observable au microscope à fluorescence.

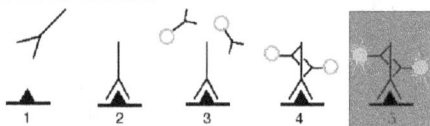

Protocole

Les lames sont placées dans des boites de pétri, sur un papier humidifié

- 100µL d'anticorps primaires anti-MHC + anti-dystrophine sont déposés sur chacune des lames
- 100µL de PBS sont déposés sur une des lames afin de servir de contrôle négatif.
  - 1h d'incubation
- les lames sont rincées 2 fois au PBS
- 1h à l'abri de la lumière avec 100µL d'anticorps secondaires couplés aux fluorochromes.
- 2 rinçages de 5min au PBS sous agitation douce,
- un 3ème rinçage de 10min au formol fixe la réaction.

Les lamelles sont ensuite montées en plaçant sur chaque coupe une goutte de mowiol (liquide de montage) et de DAPI permettant de colorer les noyaux.

Anticorps

Primaires

- Anti-MHCI, $1/5000^{ème}$ PBS, Sigma M8421
- Anti-MHCII
- Anti-MHCIIa, $1/20^{ème}$, SC71
- Anti-dystrophine K7 $1/300^{ème}$

Anticorps

Secondaires

- Anti-Rabbit Dylight 488 $1/500^{ème}$
- Anti-Mouse Dylight 549 $1/500^{ème}$

Analyse et traitement des images

La lecture au microscope à fluorescence (Nikon Optiphot 2) relié à une caméra numérique couleur (Microvision Instrument) permet de révéler la structure des cellules grâce au marquage d'immunofluorescence ou d'hématoxyline/éosine réalisé préalablement.

Pour chaque coupe, différents champs aléatoires sont photographiés à un grossissement 20x. Les images ainsi obtenues sont par la suite fusionnées à l'aide du logiciel Archimed (version 5.3.1, Microvision Instrument) pour obtenir le double marquage MHCI, MHCII ou MHCIIa avec la dystrophine pour le contour des fibres.

Grâce à des logiciels de traitement d'image (Adobe Photoshop, Power-point, Histolab (version 6.1.0)) une analyse morphologique est réalisée en utilisant les paramètres suivants:

- nombre total de fibres musculaires
- proportion de fibres lentes et rapides
- surface de section des fibres. Le paramètre utilisé pour déterminer la taille des fibres est le diamètre minimal de Feret (la plus petite distance entre deux droites parallèles, opposées et tangentes à la forme de la fibre musculaire). Le coefficient de variation (CV) du diamètre de Feret a été défini ainsi: CV= (SD du diamètre de Feret/ moyenne de la taille des fibres musculaires) x 1000.

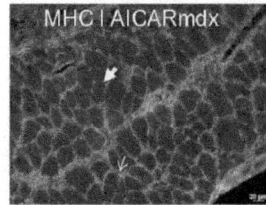

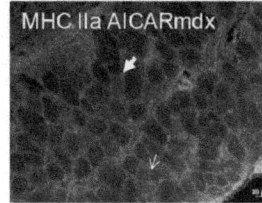

Marquage immunofluorescent des MHCI et MHCIIa sur des coupes musculaires transversales de diaphragme de souris mdx

Analyse de la fonction mitochondriale

4. Isolement de mitochondries totales ou fractionnées

Type d'échantillon
Tissus: 400 mg à 2 g de muscle squelettique.

Dans un grand bac à glace, placer 2 béchers de 25 ml contenant le tampon 1 et un becher de 100 ml contenant le tampon 1+ATP. Disposer également les tubes de 50 ml, le verre de montre, le potter et le piston dans la glace. Après dislocation de l'animal, prélever les muscles et les mettre dans le bécher contenant le tampon 1. Eponger les muscles sur de la gaze, et retirer le gras, nerfs et tissu conjonctif et le placer sur le verre de montre. Emincer le muscle à l'aide d'une paire de ciseaux pendant 20 minutes jusqu'à obtenir une pâte homogène.

Préparation préalable de produits

Tampon 1 : 100 mM KCl, 5 mM MgSO4, 5 mM EDTA, 50 mM Tris-HCl, pH 7.4
Tampon 1 + ATP: Tampon 1 + 1 mM ATP, pH 7.4
Tampon 2: 100 mM KCl, 5 mM MgSO4, 5 mM EGTA, 1 mM ATP, 50 mM Tris-HCl, pH 7.4
Tampon de resuspension : 100 mM KCl, 10 mM MOPS, pH 7.4
Subtilisin A (Sigma P5380) : 10 mg/ml
Garder les tampons à 4°C pendant une à deux semaines. Si plus, VERIFIER L'ETAT DU TAMPON

Méthode I : Mitochondries totales
- Peser le muscle haché puis le transférer dans le potter.
- Ajouter 4 volumes de tampon 1+ATP contenant de la subtilisin à 2 mg/ml final, vortexer et incuber 2 minutes dans la glace. Arrêter la réaction avec 10 ml de tampon 1+ATP.
- Homogénéiser avec le piston à 150 rpm pendant 10 minutes (30s par montée et 30s par descente)
- Transvaser à la pipette dans le tube Nalgène de 50 ml et centrifuger 10 minutes à 800g à 4°C.
- Récupérer le surnageant en le filtrant sur un nouveau tube Nalgène et centrifuger 10 minutes à 9000 g à 4°C.
- Eliminer le surnageant, resuspendre le culot avec 3 ml de tampon 1+ATP avec une P1000, et centrifuger de nouveau à 9000 g pendant 10 minutes.
- Eliminer le surnageant et reprendre les mitochondries dans un petit volume de tampon de resuspension (~100 µl).
Mesurer le volume exact à la P200 et procéder au dosage protéique.

Référence
Méthode I: Cogswell et al, AM. J. Physiol., 1993
Méthode II: Lanza IR et al., Methods Enzymol., 2009

Méthode II : Mitochondries subsarcolemmales (SS) et intermyofibrillaires (IMF)

Peser le muscle haché puis le transférer dans le potter.
Ajouter 9 volumes de tampon 1+ATP.
Homogénéiser avec le piston à **150 rpm pendant 10 minutes (30s par montée et 30s par descente).** Transvaser à la pipette dans le tube Nalgène de 50 ml marqué IMF-1 et centrifuger 10 minutes à 800g à 4°C.

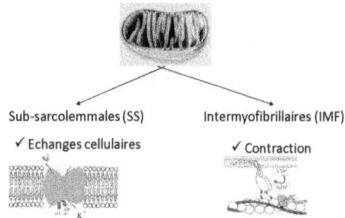

Sub-sarcolemmales (SS)
✓ Echanges cellulaires

Intermyofibrillaires (IMF)
✓ Contraction

Mitochondries SS
- Récupérer le surnageant en le filtrant sur un nouveau tube Nalgène marqué SS et centrifuger 10 minutes à 9000 g à 4°C
- Eliminer le surnageant, resuspendre le culot avec 3.5 ml de tampon 1+ATP avec une P1000, et centrifuger de nouveau à 9000 g pendant 10 minutes.
- Eliminer le surnageant et reprendre les mitochondries dans un petit volume de tampon de resuspension (~100 µl) et conserver les mitochondries SS dans la glace.

Mitochondries IMF
- Resuspendre le culot dans 9 volumes de tampon 1+ATP à l'aide du piston et le transvaser à la pipette dans le potter. Homogénéiser **manuellement** le culot (10 aller-retour) dans la glace.
- Transvaser à la pipette dans le tube Nalgène de 50 ml marqué IMF-1 et centrifuger 10 minutes à 800g à 4°C.
- Eliminer le surnageant, et resuspendre le culot dans 9 volumes de tampon 2 à l'aide du piston.
- Ajouter 25 µl de Subtilisin par g de muscle et incuber dans la glace pendant 5 minutes.
- Stopper la réaction en ajoutant 20 ml de Tampon 2.
- Centrifuger 5 minutes à 5000 g et eliminer le surnageant.
- Resuspendre le culot avec 9 volumes de tampon 2 à l'aide du piston.
- Centrifuger 10 minutes à 800g à 4°C.
- Tranvaser le surnageant dans un nouveau tube Nalgène de 50 ml marqué IMF-2.
- Centrifuger 10 minutes à 9000 g à 4°C.
- Eliminer le surnageant, resuspendre le culot avec 3.5 ml de tampon 2 avec une P1000, et centrifuger de nouveau à 9000 g pendant 10 minutes.
- Eliminer le surnageant et reprendre les mitochondries dans un petit volume de tampon de resuspension (~100 µl) et conserver les mitochondries IMF dans la glace.

Mesurer le volume exact de chaque fraction à la P200 et procéder au dosage protéique.

5. Fibres disséquées et perméabilisées

Les fibres sont disséquées sous loupe binoculaire dans de la glace et dans la solution A. Tout au long de l'expérience, les fibres seront incubées dans différentes solutions à raison de 3ml de chaque solution dans chaque cuve. Différentes étapes sont à suivre selon les expériences voulant être menées sur les fibres perméabilisées :

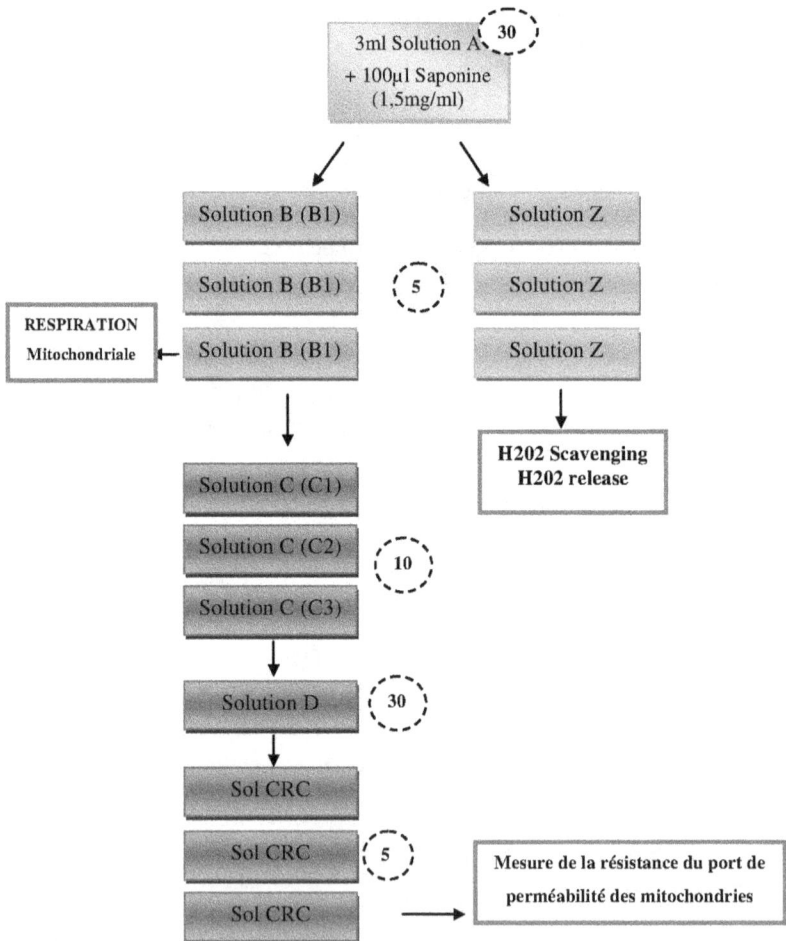

Référence :
Saks et al., Mol Cell Biochem., 1998

Solution A
(Tampon de Stabilisation, Dissection et Perméabilisation):

Final Concentration in mM:

- CaK_2EGTA, 2.77
- K_2EGTA, 7.23
- $MgCl_2$, 6.56
- Dithiothreitol (DTT), 0.5
- K-MES, 50
- Imidazol, 20
- Taurine, 20
- Na_2ATP, 5.3
- Phosphocreatine, 15
- **pH 7.3 @ 4°C**

Les trois prochaines solutions (A1-3) peuvent être préparées à l'avance aux concentrations stocks et garder à 4°C jusqu'à utilisation. Si ces solutions 1-3 sont faites en grandes quantité, les stocks peuvent être congelés et ainsi prêts à être utilisés. Note: les solutions A2 & A3 sont réalisées à partir de A1. A1 & B1 doivent être faites en premier.

1. K-MES solution: Ajuster le pH 6.9 @ 23°C (MAKE 750ml)

Chemical (F.W.)	Final Concentration (mM)	g per 750 ml	g per 1800 ml of H_2O	
K-MES (233.3)	50	8.7488	20.9971	
Imidazol (68.08)	20	1.0212	2.4588	
$MgCl_2$ (95.2)	6.56	XXXX	XXXX	OR
$MgCl_2$ liq. 1M	6.56	4.920 ml	LIQUID... 11.808 ml	

2. K_2EGTA solution: Préparé dans 100 ml of K-MES solution.

Chemical (F.W.)	Final Concentration (mM)	g per 100 ml	g per 180 ml of A1
EGTA (380.35)	72.3 (will be diluted by 1/10th in carrying out final dilution in step 4)	2.7499	4.9498
KOH (56.11)	144.6 (as above)	0.8114	1.4605

3. CaK_2EGTA solution: Préparé dans 100 ml of K-MES solution.

Chemical (F.W.)	Final Concentration (mM)	g per 100 ml	g per 180 ml of A1
EGTA	27.7 (will be diluted by 1/10th in	1.0536	1.8965

(380.35)	carrying out final dilution in step 4)		
KOH (56.11)	55.4 (as above)	0.3108	0.5594
CaCO₃ (100.1)	27.7 (as above)	0.2773	0.4991

4. Solution finale A (Etape de mélange): Peser les produits ci dessous et les placer dans un bécher. Ajuster le volume jusqu'à 200 ml en ajoutant du K-MES solution A1, et ajouter a cette solution 25 ml de K₂EGTA solution A2 et 25ml de CaK₂EGTA solution A3. (Pour 150ml: 120 + 15 + 15ml.Pour 200ml: 160 + 20 + 20)

Chemical (F.W.)	Final Concentration (mM)	g per 150 ml	g per 200 ml	g per 1800 ml
DTT (154.25)	0.5	0.0116	0.0154	0.1388
Taurine (125.15)	20	0.3755	0.5006	4.5054
Na₂ATP (551.1)	5.3	0.4381	0.5842	5.2575
Phosphocreatine (255.1)	15	0.5740	0.7653	6.8877

Pour perméabiliser les fibres musculaires, utiliser la solution A avec 50 µg saponin/ml. Préparer une solution stock 30X le jour même en pesant 1.5mg solubilisé dans 1ml of H₂O. Garder sur glace jusqu'à utilisation. 200µl vont être ajoutés à 6ml de Solution A.

Solution B

(Tampon de Rincage, de Stockage et de Respiration)

Final Concentration in mM:

- CaK₂EGTA, 2.77
- K₂EGTA, 7.23
- MgCl₂, 1.38
- Dithiothreitol (DTT), 0.5
- K-MES, 100
- Imidazol, 20
- Taurine, 20
- K₂HPO₄, 3
- **pH 7.3 @ 4°C**

Les trois prochaines solutions (B1-3) peuvent être préparées en avance aux concentrations stocks et stocker au frigo/ congélo jusqu'à utilisation. Note: Les solutions B2 & B3 sont réalisées à partir de B1.

1. K-MES solution: adjust to pH 6.9 @ 23°C

Chemical (F.W.)	Final Concentration (mM)	g per 800 ml of H_2O
K-MES (233.3)	100	18.6640
Imidazol (68.08)	20	1.0893
K_2HPO_4 (174.18)	3	0.4180
$MgCl_2$ (XXX)	1.38	XXXX OR LIQUID....
$MgCl_2$ liq. 1M	1.38	1104ul

2. K_2EGTA solution: prepare using 100 ml of K-MES solution.

Chemical (F.W.)	Final Concentration (mM)	g per 100 ml of B1
EGTA (380.35)	72.3 (will be diluted by 1/10th in carrying out final dilution in step 4)	2.7499
KOH (56.11)	144.6 (as above)	0.8114

3. CaK_2EGTA solution: prepare using 100 ml of K-MES solution.

Chemical (F.W.)	Final Concentration (mM)	g per 100 ml of B1
EGTA (380.35)	27.7 (will be diluted by 1/10th in carrying out final dilution in step 4)	1.0536
KOH (56.11)	55.4 (as above)	0.3108
CaCO3 (100.0)	27.7 (as above)	0.2773

Adjust pH to 6.9 and heat solution in an 80°C water bath to remove gas and to solubilize $CaCO_3$ (how long?).

4. Final solution B solution (mixing step): Weigh out the chemicals from the table below and place in a beaker. Bring volume up to proper volume by adding **eight parts** of K-MES solution B1, **one part** of solution B2 and **one part** of solution B3. (For 1000ml: 800 + 100 + 100)

Chemical (F.W.)	Final Concentration (mM)	g per 1000 ml
DTT (154.2)	0.5	0.0771
Taurine (125.1)	20	2.5020

5. BSA (fatty acid free) solution, for a final concentration of 2 mg per ml in **Working Solution B**. Prepare 10ml of a 100 X stock solution in H_2O. Stock BSA can be frozen in aliquot and thawed as needed. The day of, 1.5ml of stock BSA is added to 150ml of Solution B. (2.5ml for 250ml; 500µl for 50ml)

Chemical (F.W.)	100 X concentration	g per 10 ml
BSA	200 mg per ml	2

Note: Let sit and inverse periodically for dissolution. Do not agitate vigorously.

Solution C (Pre-Phantom Washing Solution)
Final Concentration in mM:
- K-MES 80
- HEPES   50
- Taurine   20
- DTT 0.5
- $MgCl_2$ 10
- ATP 10
- **pH 7.3 @ 4°C**

La solution C1 peut être préparée en avance à la concentration stock et stockée au frigo jusqu'à utilisation. Les ingrédients de la solution C2 sont ajoutés à 100ml de C1 le jour de l'expérience.

1. HEPES solution: adjust to pH 6.9 @ 23°C

Chemical (F.W.)	Final Concentration (mM)	g per 100 ml	g per 630 ml H_2O
HEPES (238.3)	50	1.1915	7.5065
K-MES (233.3)	80	1.8664	11.7583
$MgCl_2$ (XXX)	10	XXXX OR	XXXX OR
$MgCl_2$ liq. 1M	10	LIQUID... 1.00ml	LIQUID... 6.3ml

2. Final solution C: Weigh out the chemicals from the table below and add it to the HEPES/K-MES 100ml solution C1 described above.

Chemical (F.W.)	Final Concentration (mM)	g per 100 ml	g per 630 ml
DTT (154.25)	0.5	0.0077	0.0485
Taurine (125.15)	20	0.2503	1.5769
Na_2ATP (551.1)	10	0.5511	3.4719

```
┌─────────────────────────────────────────────┐
│  Solution D ("Phantomising Buffer")           │
│  Final Concentration in mM:                   │
│    • KCl  800                                 │
│    • HEPES    50                              │
│    • Taurine    20                            │
│    • DTT 0.5                                  │
│    • MgCl2     10                             │
│    • ATP  10                                  │
│    • pH 7.3 @ 4°C                             │
└─────────────────────────────────────────────┘
```

La solution D1 peut être préparée en avance à la concentration stock et stockée au frigo jusqu'à utilisation. Les ingrédients de la solution D2 sont ajoutés à 100ml de D1 le jour de l'expérience.

1. HEPES solution: adjust to pH 6.9 @ 23°C (to be used on ice)

Chemical (F.W.)	Final Concentration (mM)	g per 100 ml of H_2O	g per 280 ml of H_2O
HEPES (238.3)	50	1.1915	3.3362
KCl (74.55)	800	5.9640	16.6992
$MgCl_2$ (XXX)	10	XXX OR	0.1714
$MgCl_2$ liq. 1M	10	LIQUID… 1ml	OR LIQUID… 2.8ml

2. Final solution D: Weigh out the chemicals from the table below and add it to the HEPES 100ml solution D1.

Chemical (F.W.)	Final Concentration (mM)	g per 100 ml	g per 280 ml
DTT (154.25)	0.5	0.0077	0.0216
Taurine (125.15)	20	0.2503	0.7008
Na_2ATP (551.1)	10	0.5511	1.5431

Buffer Z – ROS measurement @ 37°C

Final Concentration in mM:

- K-MES   110
- KCl   35
- EGTA   1
- MgCl$_2$ 3
- K$_2$HPO$_4$ 10
- BSA 0,5
- *pH 7.3 @ 37 °C MUST BE ADJUSTED AT 7.55 @ 23 °C*
- *pH 7.3 @ 4 °C MUST BE ADJUSTED AT 6.9 @ 23 °C*

Adjust to pH 6.9 @ 23°C

Chemical (F.W.)	Final Concentration (mM)	g per 100 ml	g per 910 ml
K-MES (233.3)	110	2.5663	23.3533
KCl (74.55)	35	0.2609	2.3742
EGTA (380.35)	1	0.0380	0.3458
K$_2$HPO$_4$ (174.18)	5	0.0871	0.7926
BSA	0.5mg/ml	0.0500	0.4550
MgCl$_2$ (XXX) OR	3	XXX OR LIQUID…	XXX OR LIQUID
MgCl$_2$ liq. 1M		300µl	2, 730µl

Buffer Sucrose – CRC measurement @ Room Temperature
Final Concentration in mM:
- Sucrose   250
- EGTA-Tris Base 5µM
- Tris-MOPS 10
- *pH 7.3 @ 37 °C MUST BE ADJUSTED AT 7.55 @ 23 °C*
- *pH 7.3 @ 4 °C MUST BE ADJUSTED AT 6.9 @ 23 °C*

1. EGTA-Tris Base solution: adjust to pH 6.9 @ 23°C

Chemical (F.W.)	Final Concentration (mM)	g per 10 ml
Tris-Base (121.1)	6.6	0.0080
Tris-HCl (157.6)	43.4	0.0685
EGTA (380.35)	10	0.0380

2. Tris-MOPS 100mM solution: adjust to pH 6.9 @ 23°C

Chemical (F.W.)	Final Concentration (mM)	g per 10 ml	g per 80 ml
Tris-Base (121.1)	13.2	0.1600	1.2800
Tris-HCl (157.6)	86.8	0.1368	1.0944
MOPS (231.2)	100	0.2312	1.8496

3. Final Sucrose buffer: mix Solutions 1 and 2 in the following proportions. Adjust to pH 6.9 @ 23°C

Chemical (F.W.)	Final Concentration (mM)	amount per 100 ml	g per 770 ml
Sucrose (324.3)	250	8.1000g	62.37g
1. EGTA-Tris Base	5µM	*50µl*	*385µl*
2. Tris-MOPS	10	*10ml*	**77ml**
H_2O (18.02)	-	*90ml*	*693ml*

6. Mesure de production de ROS
Using Russ's protocol and [substrate] for ROS assay

NOTE: Tout au long de l'expérience, les tampons et les échantillons doivent être dans la glace

1. D'après les protocoles précédents:
   a. Dissection des fibres
   b. Saponin 50ug/ml- Sol A – 30min
   c. 3 rinçages dans Buffer Z. Laisser les fibres jusqu'à la mesure.

2. Allumer le bain marie à 40°C pour avoir la cuve à 37°C (en fonction du système)
3. Préparer les micro-cuvettes en les rinçant avec de l'alcool et les frottant avec de «Half-Kimwipe^{TM} device». Rincer avec de l'eau.
4. Ingredients initial dans la Micro-Cuvette: *– Agitation 3/8 (low to medium speed) –*
   a. **600µl de Buffer Z**
   b. **3ul d'Amplex Red** 500µM– [Final] = 5µM   **EX:563nm EM:587nm** $^{(10nm-wide\ slits)}$
   c. **1,2µl d'HRP** (Peroxidase) – [Final] = 0.5U/ml

5. Attendre 2-3minutes pour équilibrer la temperature dans la cuve.
6. **Ajouter les fibres** – 0,3-0,8mg d.w.
7. Ingrédients Final – Faire au moins deux fois l'expérience (duplicate):
   a. 6 µl Glutamate (500 mM)
   b. 6 µl Succinate (500 mM)
   c. 12 µl ADP (50 mM)
   d. 12 µl antimycine A (400 µM)

Courbe standard d'H$_2$O$_2$:   **1µl of 30% H$_2$O$_2$ dans 999µl of H$_2$O** (1:1000); puis **45µl** de cette solution dans **955µl d'H$_2$O (1:22)**: SOLUTION à 400µM. **Ajouter des pulses de 0,2 / 0,5 / 1µl** dans la cuvette pour obtenir une courbe standard.

HRP – Horse Radish Peroxidase: La poudre est à 288Units/mg. Faire un stock à 250U/ml en pesant **0,868mg de Peroxidase dans 1ml de Buffer Z**. Aliquoter dans des tubes

Référence :
Daussin et al, J Physiol, 2011

7. Mesure de la résistance du PTP
Calcium Retention Capacity (CRC)

NOTE: Tout au long de l'expérience, les tampons et les échantillons doivent être dans la glace

1. D'après les protocoles précédents:
   a. Dissection des fibres dans la Solution A
   b. Solution A + Saponin 50ug/ml – 30min
   c. 3 rinçages dans Working Solution B
   d. 3 rinçages dans la Solution C
   e. Solution D – 30min
   f. 3 rinçages dans la solution Sucrose Buffer. Laisser les fibres jusqu'à la mesure.

2. Faire les mesures à **37°C**;
3. Préparer les micro-cuvettes en les rinçant avec de l'alcool et les frottant avec de «Half-Kimwipe™ device». Rincer avec de l'eau.
4. Ingrédients initial dans la Micro-Cuvette :
   a. **600µl de Sucrose Buffer**
   b. **3ul of Ca++ Green** – [stock : 200µM, final : 1µM]
      EX:505nm EM:535nm [10nm-wide slits)
   c. **6µl P$_i$** – [stock : 1M, final : 10µM]
      3µl Malate [stock : 500mM, final : 2.5mM] + **6µl Glutamate** [stock : 500mM, final : 5mM] **OU 6µl Succinate** [stock : 500mM, final : 5mM]
   d. **3µl Oligomycin** – [stock : 100µM, final : 0,5µM]

5. Commencer la lecture, le signal doit se situer entre 700-800 units.
6. Réduire le signal proche de 100-200 units avec de l'EGTA [?]:

Environ 20µl EGTA 100µM (Commencer doucement avec plusieurs additions de 1-2µl) Préparation EGTA tris Base 10mM (Trisbase 6.6mM, Tris HCl 43.4 mM, EGTA 10mM)

7. **Ajouter les fibres** – 0,3-0,8mg d.w. Il faut observer une légère pente négative ou aucun effet du signal. Dès que le signal est à ≈100 units:

4µl CaCl$_2$ 5mM – [Final] = 33µM (20nmol)   **(FOR RATS or HUMANS or MICE)**

Courbe de titration pour le calcium green: 600µl de Tampon CRC puis ajout de plusieurs injections de 4µl de calcium

Référence :

Daussin et al, J Physiol, 2011

109

8. Dosage des enzymes mitochondriales par spectrophotométrie

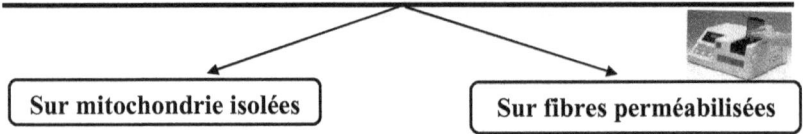

Sur mitochondrie isolées   **Sur fibres perméabilisées**

L'utilisation de mitochondries isolées est la première méthode décrite pour étudier la fonction mitochondriale. Les mitochondries sont extraites et purifiées par une homogénéisation mécanique et différentes centrifugations. Récemment, des études ont montrés certaines perturbations de la morphologie des mitochondries par cette technique, en les extrayant de leur environnement. C'est pourquoi il est important de s'intéresser également à une autre technique: les fibres perméabilisées. La membrane plasmique des myofibres est perméabilisée, laissant les mitochondries intactes au sein de leur environnement cytoarchitectural. Cette technique se rapprocherait donc des conditions musculaires physiologiques.

Les deux types de méthodes permettent de manipuler directement la fonction mitochondriale à travers l'addition de substrats spécifiques et inhibiteurs dans les milieux d'incubation, accédant à un large panel d'exploration de la fonction mitochondriale.

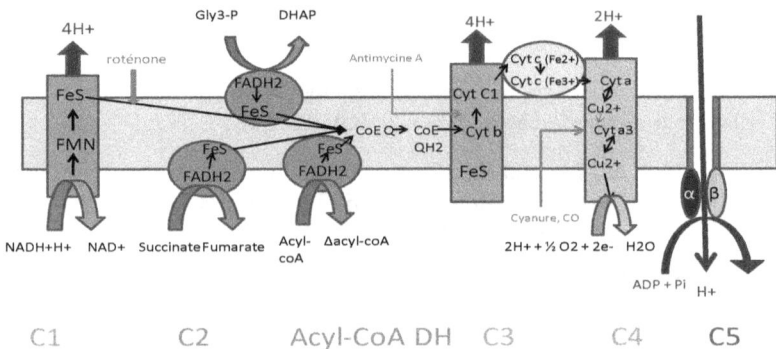

L'activité enzymatique des complexes mitochondriaux I à IV est mesurée par spectrophotométrie.

Référence :
Saks et al., Biochim Biophys Acta 1991
Kuznetsov et al., Nat Protoc 2008
Picard et al. J Physiol, 2011

❖ Citrate Synthase

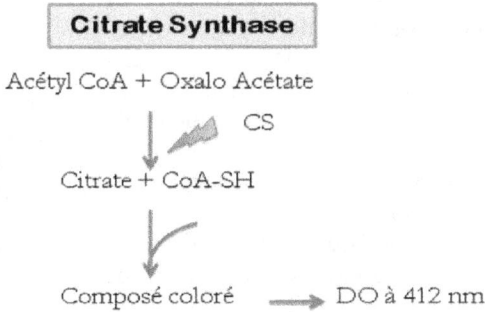

Citrate Synthase

Acétyl CoA + Oxalo Acétate

$\downarrow$ CS

Citrate + CoA-SH

$\downarrow$

Composé coloré ⟶ DO à 412 nm

La Citrate Synthase, considérée comme un marqueur du stock mitochondrial, catalyse la réaction suivante : Acétyl-CoA + oxaloacétate + H2O → citrate + CoA-SH + H+. L'apparition des groupes SH, dépendante de l'activité de la Citrate Synthase, permet la réduction du DNTB (réactif d'Ellman) en TNB (acide 5-thio (2-nitrobenzoique) coloré jaune dont l'absorbance est mesurée à 412nm.

- 10µL d'homogénat de gastrocnémiens
- 790µL Triton X100 1%,
- 100µL acétylCoA 1mM
- 100µL DNTB 1mM

➔ mélangés dans les cuves puis incubées 1min à 37°C.

- 10µL d'oxaloacétate 10mM sont rajoutés.

L'absorbance est lue à 37°C après un délai de 20s pendant 30s à 412nm. Les valeurs sont exprimées en mU/mg protéines.

Référence :
Faloona & Srere 1969

❖ Complexe I

Le complexe I oxyde le NADH en NAD+ : les protons produits réduisent alors par réactions successives le 2,6-DCIP (2,6-dichlorophénolindophénol). La réduction du DCIP est alors suivie en présence d'inhibiteur du complexe III.
- 20μL d'homogénat de gastrocnémiens + 930μL de tampon
- Les cuves sont incubées 2min à 37°C.
- 40μL de NADH 5mM sont ajoutés afin de commencer la lecture après un délai de 30s sur 30s à 600nm.
- 10μL de roténone 200μM, un inhibiteur spécifique du complexe I, sont ajoutés pour débuter la deuxième lecture après un délai de 30s sur 30s à 600nm.

Tampon:
K_2HPO_4 25mM,
BSA 5%,
DCIP 920μM,
décylubiquinone
25mM
Antimycine A 1mM
pH=7,8

L'activité du complexe I représente la différence entre les deux lectures. Les valeurs sont exprimées en mU/mg protéines.

Référence :
Janssen et al. Clin Chem.

❖ Complexe II

Le complexe II oxyde le succinate : les protons produits réduisent la décylubiquinone, qui réduit alors le 2,6-DCIP. La réduction du DCIP est suivie en présence d'inhibiteur des complexes I, III et IV.
- 20μL d'homogénat de gastrocnémiens + 997μL de tampon.
- Les cuves sont incubées 10min à 37°C
- 3μL de décylubiquinone 25mM sont ensuite ajoutés aux cuves
- Après un délai de 20s, la lecture s'effectue à 600nm sur 2min à 37°C.

Tampon:
K_2HPO_4 100mM
BSA 5%
KCN 0,1M
Roténone 10mM
Antimycine A 0,1%
DCIP 920μM
Succinate 320mM
pH=7,4

Les valeurs sont exprimées en mU/mg protéines.

Référence :
Feillet-Coudray et al., Free Radic Biol Med. 2009

❖ Complexe II+III

La méthode de quantification de l'activité des **complexes II+III** repose sur le suivi de la réduction du cytochrome c par le complexe III en présence de succinate, substrat du complexe II, et d'inhibiteurs des complexes I et IV

- Les cuves sont remplies avec 900µL de tampon
- Les cuves sont ensuite incubées 4min à 37°C
- 100µL d'homogénat de gastrocnémiens ou d'H2O (blancs) sont ajoutés
- L'activité est lue à 550nm après un délai de 30s pendant 1min à 37°C.

Tampon:
K2HPO4 25mM
EDTA 3mM
KCN 100mM
succinate 100mM
Roténone 10mM,
Cytochrome c
0,8µM pH=7,4

Les valeurs sont exprimées en mU/mg protéines

Référence :
Feillet-Coudray *et al.*

❖ COX

La mesure de l'activité du **complexe IV** ou cytochrome c oxydase (**COX**) consiste à suivre par spectrophotométrie l'oxydation du cytochrome c réduit par la COX.

1. Afin de réduire le cytochrome c :
   15µL d'une solution de dithionite de sodium et de tampon phosphate sont ajoutés à 1,5mL d'une solution de cytochrome c et mis à réagir dans la glace pendant 10min, à l'abri de la lumière.
2. Lecture de l'activité de la COX
   10µL d'homogénat de gastrocnémiens dans 1mL de solution de dosage (500µL de solution dithionite de sodium - cytochrome c et 100mL de tampon phosphate) est faite à 37°C et à 550nm pendant 30s.

Les valeurs sont exprimées en mU/mg protéines.

Tampon phosphate:
Na2S2O4 2M
K2HPO4 25mM
pH=7,4

Solution Cytochrome c
cytochrome c
10mM
K2HPO4 25mM
pH=7,4

Référence :
Wharton & Tzagoloff 1964

9. Mesure de la respiration mitochondriale

Principe

Cette méthode permet d'étudier le fonctionnement des mitochondries et plus particulièrement des complexes de la chaîne respiratoire en présence de substrats et inhibiteurs spécifiques.

Oxygraphe **Oroboros**©
O2-k, Oroboros Instruments, Innsbruck, Autriche

Préparation préalable de produits

	Concentration initiale	Masse Molaire (g/mol)	Préparation (mg/ml)
Glutamate	1M	169,11	169.1 (H_2O)
Malate	0.5 M	156,07	78.05 (H_2O)
Succinate	1M	162,05	162.05 (H_2O)
ADP	100 mM	427,2	42,7 (H_2O)
Roténone	0,5 mM	394.4	3,9 (10mM/ DMSO)
Oligomycine	5 mM	800	4 (EtOH)
Cytochrome c	8 mM	13000	104 (H_2O)
NADH	0,5 M	709,4	354,7 (H_2O)
CCCP	1mM	204,62	10mg/10ml (5mM/ EtOH)
Antimycine A	5 mM	540	2,75 (EtOH)

Pour un volume de la chambre de 2 ml :

	CCT finale	CCT initiale	Volume
Glutamate	5 mM	1M	10 µl
Malate	2,5 mM	0.5 M	10 µl
Succinate	5 mM	1M	10 µl
ADP	0,5 mM	100 mM	10 µl
Oligomycine	2,5 µM	5 mM	1 µl
Cytochrome c	8 µM	8 mM	2 µl
NADH	2.5 mM	0,5 M	10 µl
Roténone	2.5 µM	0.,5 mM	10 µl
CCCP	0,5 µM	1mM	1 µl
Antimycine A	5 µM	5mM	2 µl

114

Réactifs et produits	
▪ L-Glutamic acid (Sigma G1626)	▪ EGTA (Sigma E4378)
▪ L-Malic acid (Sigma M1125)	▪ MgCl$_2$, 6H$_2$O (Merck 5833)
▪ Succinate (Aldrich W32700)	▪ K-lactobionate (Sigma L2398)
▪ ADP (Sigma A2754)	▪ Taurine (Sigma T0625)
▪ Oligomycine (Sigma O4876)	▪ KH$_2$PO$_4$ (Merck A460373)
▪ NADH (Sigma N6005)	▪ HEPES (Euromedex 10110A)
▪ Roténone (Sigma R8875)	▪ Sucrose (Euromedex 200301 B)
▪ CCCP (Sigma C2759)	▪ BSA (Sigma A6003)
▪ Cytochrome c (MPBiomedicals 10146701)	▪ KOH (Sigma P6310)
	▪ Ethanol
▪ Antimycine A (Sigma A8674)	▪ Eau bidistillée

1. Respiration: Mitochondrial Respiration Medium MiR05: total volume 1 litre.

	Final conc.	FW	Addition to 1 litre final volume	Company and product code
EGTA	0.5 mM	380.4	0.190 g	Sigma, E 4378 (25 g)
MgCl$_2$·6H$_2$O	3 mM	203.3	0.610 g	Scharlau, MA 0036 (250 g)
K-lactobionate	60 mM	358.3 free acid	120 ml of 0.5 M K-lactobionate stock*	Fluka, 61321 (100 g)
Taurine	20 mM	125.1	2.502 g	Sigma, T 0625 (25 g)
KH$_2$PO4	10 mM	136.1	1.361 g	Merck, 104873 (1 kg)
HEPES	20 mM	238.3	4.77 g	Sigma, H 7523 (250 g)
Sucrose	110 mM	342.3	37.65 g	Roth, 4621.1 (1 kg)
BSA, essentially fatty acid free, fraction V	1 g/l		1 g	Sigma, A 6003 (25 g)

Adjust the pH to 7.1 (5 N KOH; Sigma P 1767 (1kg)) at 30 °C. Divide into 20 ml portions. Store frozen at -20°C in plastic vials.

Protocole

- Allumer l'oxygraphe et l'ordinateur.
- Aspirer l'éthanol 70 % contenu dans les chambres.
- Rincer 5 fois à l'eau bidistillée.
- Mettre de l'eau dans chaque chambre et placer les stoppers dans les chambres sans les fermer.
- Ouvrir le logiciel Datlab.
- Sur la fenêtre d'ouverture cliquer sur connecter et entrer le nom du fichier.
- Les agitateurs s'allument. Laisser la concentration d'O_2 et le flux se stabiliser. Celui-ci doit être linéaire et à 0. Le voltage doit se situer au niveau de 9,5 environ.

Quand le flux est stable, aspirer l'eau et remplir les chambres avec 2 ml de tampon de respiration ou de milieu de culture.
Laisser stabiliser et marquer le R1 (concentration d'oxygène max.)
Ajouter les mitochondries : **25 à 50 µg de protéines mitochondriales pour le muscle, 200 µg pour le foie**

Quand le flux est stable et aux alentours de 0, fermer les chambres.
La respiration des mitochondries doit être nulle ou proche de 0. Pour l'ajout des substrats ou inhibiteurs, attendre au moins 5 min pour avoir un plateau.

Protocole I :
Ajouter le glutamate (10 µl), le malate (10 µl) et le succinate (10 µl) → **état IV complexes I+II.**
Ajouter l'ADP (10 µl) → **état III complexes I+II.**
Ajouter de l'oligomycine (1 µl) → **fonctionnement des complexes I à IV.** Réoxygéner le milieu si nécessaire.
Ajouter du NADH (10 µl) → **intégrité des membranes mitochondriales.**
Ajouter du CCCP (1 µl) jusqu'à atteindre **la respiration découplée maximale** (3 à 4 injections).
Ajouter l'Antimycine a (2 µl) → **mesure de la consommation annexe d'O_2 : ROS**

116

Protocole II :

Ajouter le glutamate (10 µl), le malate (10 µl) → **état IV complexe I.**

Ajouter l'ADP (10 µl) → **état III complexe I.**

Ajouter le cytochrome c (2 µl) → **intégrité des membranes mitochondriales.**

Ajouter le succinate (10 µl) → **état III complexe I+II** - Réoxygéner le milieu si nécessaire.

Ajouter la roténone (10 µl) → **état III complexe II.**

Ajouter de l'oligomycine (1 µl) → **fonctionnement des complexes I à IV.**

Ajouter du CCCP (1 µl) jusqu'à atteindre **la respiration découplée maximale** (3 à 4 injections).

Ajouter l'Antimycine a (2 µl) → **mesure de la consommation annexe d'O_2 : ROS.**

A la fin de l'expérience, si une concentration nulle d'oxygène est atteinte, marquer le Ro et procéder à la calibration.(cf. protocole Utilisation de l'oxygraphe Oroboros).

Quand les mesures sont terminées, rincer 3 fois avec de l'éthanol 70 %.
Si l'on souhaite effectuer de nouvelles mesures, rincer 5 fois à l'eau bidistillée, et remettre 2 ml de tampon.
Laisser le flux se stabiliser et relancer les mesures.

Si les mesures sont terminées, remplir les chambres et les stopper avec de l'éthanol 70%.

Etude des relations mitochondrie-réticulum sarcoplasmique

10. Dissociation de fibres musculaires isolées enzymatiquement

Sur FDB ou Diaphragme de souris (~30 mg de tissu)

1ère étape : préparation

Préparation du milieu de culture :	Préparation boîte labtek coater laminin :
DMEM (GIBCO-31966) filtré sous hotte contenant : - 10% SVF (REF) - 0.1% streptophiline/penicilin (Gibco-0906) Conserver à 4°C, manipuler à température ambiante sous hotte	- Mettre 200µl de laminine (aliquots à -20° à diluer dans 2ml PBS) dans chaque boite - Laisser 45min minimum dans l'incubateur (ou plus à température ambiante). - Aspirer le surplus de laminine mis initialement dans les boites de pétris avec une pipette juste avant de déposer les fibres dissociées

2ème étape : Dissection des muscles : FDB / diaphragme

- Prélever les muscles avec les tendons (DIA : avec un minimum de côte + tendon central)
- Incuber les muscles prélevés dans l'enzyme :
  - Deux FDB : 5ml milieu de culture dans un falcon + 0.3% Collagénase, 45min 37°C
  - DIA : 5ml de milieu dans un falcon + 0.2% Collagénase, 45min sur roue, 37°C

3ème étape : Dissociation mécanique

- Placer les muscles dans 3ml de milieu de culture propre
- Dissocier mécaniquement à l'aide de pipette pasteur cautérisée de différents calibres.
- Utiliser des embouts de plus en plus fins pour obtenir des fibres dissociées correctement séparées
- Vérifier au microscope le degré de dissociation et les fibres vivantes (avec stries)
- Déposer les fibres en suspension à l'aide d'une pipette dans les boîtes coatées laminine. Entre 300-600µl/ boîte.
- Remplir les boîtes de milieu de culture (Vf=2ml) puis les placer à 37°C
- Utiliser les fibres le lendemain

11. Mesure de variation transitoire de calcium au microscope confocal sur fibres musculaires isolées

Après avoir été isolées enzymatiquement et mises en cultures, les fibres musculaires de FDB sont chargées avec différents indicateurs calciques.

Les caractéristiques des indicateurs calciques (ou sondes fluorescentes calciques) répondent à différents critères : large sensibilité pour le Ca^{2+}, forte séléctivité pour le Ca^{2+}, faible toxicité...

Il existe différentes sondes calciques qui répondent plus ou moins bien à ces différents critères.

Ces indicateurs calciques sont ensuite étudiés grâce à un système de microscopie confocale.

Principe de la fluorescence.

La **microscopie confocale** consiste, par la présence d'un diaphragme (pinhole) placé en amont du photo-multiplicateur, à enregistrer uniquement la lumière émise dans un plan focal déterminé. En spectrophotométrie monophotonique, l'absorption d'un photon par un fluorochrome permet son passage d'un état de repos à un état excité si l'énergie de ce photon est suffisante. Le retour de l'état excité à l'état de repos est associé à une dissipation de l'énergie sous forme, entre autre, d'énergie lumineuse, par émission d'un signal fluorescent.

Représentation schématique d'un microscope confocal

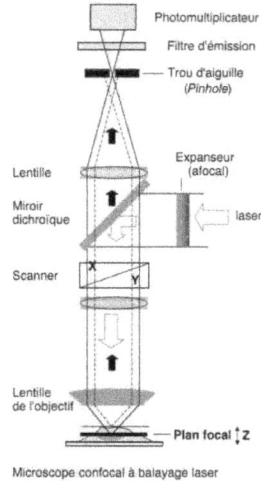

Microscope confocal à balayage laser

Solution
- **Collagénase**: (Sigma-C9891 type Ia)
- **Laminine :** (Sigma L2020)
Solution initiale aliquotée par 20µl :1mg/ml à utilisé à 10µg/ml cad 2ml de PBS dans un aliquot de 20µl de laminine
- **Fluo-4AM** (Invitrogen, F14201) (50µl DMSO pour 50µg)
Utilisation: 3µl/ml DMEM, Incubation: 1ml/boite labtek, 15min
- **Rhod-2AM** (Invitrogen, R1245MP) (50µl DMSO pour 50µg)
Utilisation: 2µl/ml DMEM, Incubation: 1ml/boite labtek, 45min + 15min de desestérification dans du Tyrode
- **Caféine** (Sigma C0750) **10mM:** 19.4mg/ml tyrode Utilisation : 1µl/boite (1ml)
- **Histamine** (Sigma H7125) **10mM :** 11.1 mg/ml Tyrode Utilisation : 1µl/boite (1ml)

Protocole

Mesure du Ca^{2+} cytosolique global:

Les fibres sont placés dans du milieu de culture supplémenté par du FLUO-4 pendant 15min puis rincées dans 1ml de solution de tyrode.

Mesure du Ca^{2+} mitochondrial:

Les fibres sont incubées de la même manière mais avec une sonde de calcium mitochondrial, Rhod-2AM, pendant 45min puis rincées 15min dans la solution de tyrode. Le Rhod-2 s'accumule préférentiellement dans les mitochondries polarisées, cad les mitochondries fonctionnelles.

Mesure des variations de concentration en Ca^{2+}:

Les variations sont évaluées en enregistrant des séries d'images de fluorescence avec le système de microscopie confocale après stimulation des fibres :

- Stimulation électrique : Les fibres sont ensuite stimulées électriquement grâce à des électrodes à différentes fréquences (stimulation de champs) : 1-10-30-100-300Hz
- Stimulation des récepteurs RYR du RS : Mesure de la charge calcique du Réticulum sarcoplasmique : Pulse caféinique, la caféine entraine l'ouverture des canaux calcique du RS
- Stimulation des récepteurs à l'IP3: Pulse histaminique

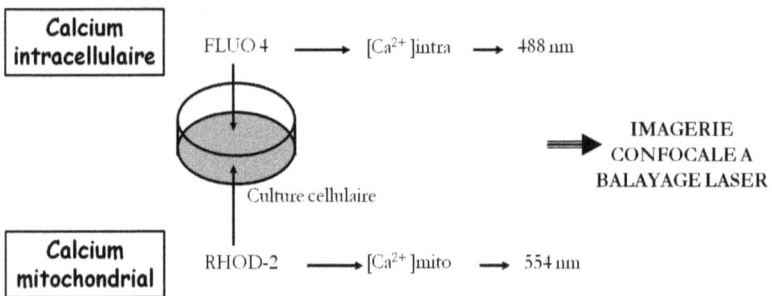

Solution Tyrode (500ml)

Produits	Référence.	Concentration finale mM	Masse molaire g/mol	Masse à peser g
NaCl	VWR 27810.295	135	58.4	3.942
KCl		4	74.6	0.149
CaCl$_2$	Sigma C8106	1.8	147.02	0.132
MgCl$_2$	Sigma M8266	1	95.22	0.0476
HEPES	Sigma 3375	2	238.3	0.238

Solution à préparer sans glucose, il est ajouté uniquement le jour de la manip.

	Reférénce	Concentration finale	Masse molaire (g/mol)	Volume final (mL)	Masse à peser (g)
Glucose	Sigma G8270	10 mM	180.15	50	0.09
				100	0.18
				150	0.27

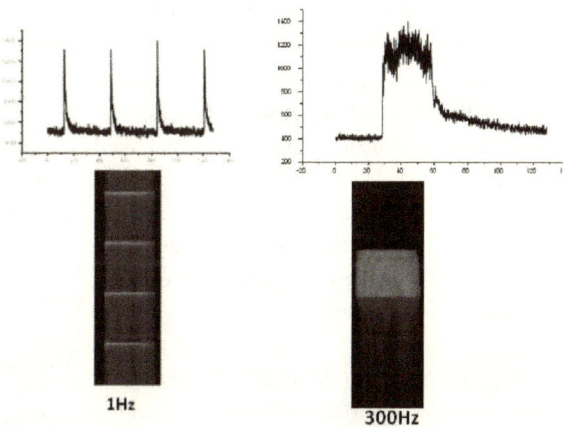

1Hz

300Hz

Transitoires calciques sur fibres de FDB dissociées enzymatiquement et stimulées électriquement à 1hz ou 300hz. Les fibres ont été chargées en Fluo-4AM et scannées sur une ligne transversale au microscope confocal afin d'évaluer les variations de fluorescence.

12. Analyse d'interaction mitochondrie-réticulum, in situ, par le système Duolink® sur fibres enzymatiquement dissociées

La technologie Duolink® basée sur le principe du « Proximity Ligation Assay », permet d'étudier les interactions protéines-protéines de moins de 40nm
NOTE : Les fibres sont dissociées puis mise en culture dans des lames en verre 8 puits.

1ère étape : Préparation des lames

- Après 24 heures de culture, les fibres sont fixées au PFA4% 10 minutes puis rincées 5min au PBS.
- Perméabilisation: 0.1% Triton 15 min à température ambiante

2ème étape :Saturation et anticorps primaires

- La solution de blocking est déposée dans chaque puit et incubée 30 min à 37°C
NOTE : La pompe à vide est le moyen le plus efficace et reproductible pour aspirer les liquides.

- Préparer la solution des anticorps primaires (à leur dilution usuelle) avec 100 µL/lamelle de solution Ab diluent comme diluant et appliquer le tout sur les lamelles essorées.
- Placer la lamelle 8-puits dans une chambre humide (boite à couvercle noire contenant du papier humidifié), incuber le tout à 4°C sur plateau oscillant toute la nuit.

3ème étape :PLA Probes et Anticorps secondaires

- Diluer les anticorps *anti-Mouse PLA PLUS* et *anti-Rabbit PLA MINUS* (*PLA probes*) au 1/5 dans 40 µL/lamelle de solution de saturation. Laisser reposer 20 minutes à RT.
- Eliminer les anticorps primaires des lamelles et les laver 2x5 minutes avec du tampon de lavage A 1X (*Wash Buffer A*) sur plateau oscillant à RT.

NOTE : Ceci est, selon les recommandations de Olink Bioscience, une adaptation du protocole commerciale du Duolink II avec l'utilisation des solutions de blocage/incubation des anticorps couramment utilisées au laboratoire. Les solutions commerciales de blocage/incubation des anticorps sont disponibles à 4°C (se référer au manuel d'utilisation)

Duolink: Starter Kit, Olink Bioscience

Lame 8 puits: Lab-Tek, Thermoscientific, 177402

Anticorps primaire
IP3R1, SantaCruz, 1/100e
VDAC, Abcam, 1/200e
CypD , Calbiochem, 1/500e
GRP75, SantaCruz, 1/200e

- Après élimination du WBA, appliquer la solution *PLA probes* sur les lamelles.
- Incuber le tout dans la chambre humide qui aura été préchauffée à 37°C dans l'incubateur, 1 heure à 37°C.
- Diluer les anticorps secondaires *anti-Mouse Alexa 555* et *anti-Rabbit Alexa 488* au 1/1000 dans 40 µL/lamelle de solution de saturation.
- Ajouter 40 µL de cette solution aux 40 µL de solution *PLA probes* sur les lamelles et incuber encore 1 heure dans les mêmes conditions que précédemment.

4ème étape :Ligation

- Diluer le tampon de ligature au 1/5 dans de l'eau ultra pure, à raison de 40 µL/lamelle.
- Eliminer les anticorps secondaires des lamelles et les laver 2x5 minutes avec du WBA sur plateau oscillant à RT.
- Ajouter extemporanément la ligase (1/40) au tampon de ligature et appliquer le tout sur les lamelles.
- Incuber le tout dans la chambre humide préchauffée 30 minutes à 37°C.

5ème étape :Amplification

- Diluer le tampon d'amplification au 1/5 dans de l'eau ultra pure, à raison de   40 µL/lamelle.
- Eliminer la solution de ligature des lamelles et les laver 2x2 minutes avec du WBA, sur plateau oscillant à RT.
- Ajouter extemporanément la polymérase (1/80) au tampon d'amplification et appliquer le tout sur les lamelles.
- Incuber le tout dans la chambre humide préchauffée 100 minutes à 37°C.

6ème étape :Lavage et montage

- Eliminer la solution d'amplification des lamelles
- Laver 2 fois les lamelles 10 minutes avec 3 mL de tampon de lavage B 1X (*Wash Buffer B*), sur plateau oscillant à RT.
- Laver les lamelles 1 minute avec 3 mL de *Wash Buffer B* 0,01X, sur plateau oscillant à RT.

- Retirer le milieu des lamelles et déposer 10 µL de milieu de montage Duolink+DAPI.
- Monter les lamelles sur lames et laisser reposer 15 minutes avant observation.
- Observer au microscope à épifluorescence ou confocal à l'objectif X20 minimum.

1. Ac Primaire

6ème étape : Lavage et montage

- Eliminer la solution d'amplification des lamelles
- Laver 2 fois les lamelles 10 minutes avec 3 mL de tampon de lavage B 1X (*Wash Buffer B*), sur plateau oscillant à RT.

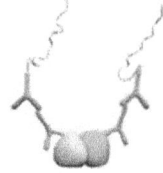

2. PLA Probes

- Laver les lamelles 1 minute avec 3 mL de *Wash Buffer B* 0,01X, sur plateau oscillant à RT.
- Retirer le milieu des lamelles et déposer 10 µL de milieu de montage Duolink+DAPI.
- Monter les lamelles sur lames et laisser reposer 15 minutes avant observation.
- Observer au microscope à épifluorescence ou confocal à l'objectif X20 minimum.

3. Ligature

4. Amplification

Etude des voies signalétiques d'un point de vue protéique

13. Dosage des protéines musculaires par immunoblotting

Référence et utilisation des différents Anticorps primaires

Protéines de densité mitochondriale

	Pds Moléculaire	Dilution WB	Dilution IF	Source	Fournisseur
CypD			1/500	Mouse	Calbiochem
VDAC1	39(sort plutôt a 30)	1/2000	1/200	Mouse	Abcam

Voie de signalisation AMPK-mTOR

AMPK	62	1/1000	Rabbit	Cell Signaling
AMPK phospho	62	1/1000	Rabbit	Cell Signaling
ACC	280	1/1000	Rabbit	Cell Signaling
ACC phospho	280	1/1000	Rabbit	Cell Signaling
mTOR	289	1/1000	Rabbit	Cell Signaling
mTOR phospho (Ser2448)	290	1/1000	Rabbit	Cell Signaling
p70S6K	70	1/1000	Rabbit	Ozyme
p70S6K phospho	70	1/1000	Rabbit	Ozyme
Raptor	150	1/1000	Rabbit	Ozyme
Raptor phospho	150	1/1000	Rabbit	Ozyme

Voie de l'autophagie

Beclin1	60	1/1000	Rabbit	Cell Signaling
Bnip3	21,5	1/1000	Mouse	Sigma
LC3 1-2	14-16	1/1000	Rabbit	Cell Signaling
p62	60		Rabbit	Cell Signaling
ULK1	150	1/1000	Rabbit	Sigma

Voie du stress du reticulum

eif2alpha	38	1/1000		Rabbit	Cell Signaling
eif2a phospho	38	1/1000		Rabbit	Cell Signaling
GRP75	75		1/200	Rabbit	Santa Cruz
GRP75	75		1/200	Mouse	Santa Cruz
GRP78	78	1/1000		Goat	Santa Cruz
IP3R1	313	1/1000	1/100	Rabbit	Santa Cruz
IP3R2	260		1/100	Goat	Santa Cruz
IRE1 alpha	110	1/1000		Rabbit	Thermo Scientific

Protéines membranaires et de loading

Actin beta	42	1/5000	Mouse	Sigma
GAPDH	36	1/60000	Mouse	Abcam
Tubuline	50	1/2000	Mouse	

Dosage

Les dosages se réalisent sur 10 à 80 mg d'homogénats musculaire (morceau de muscle directement congelé dans azote liquide), préalablement choisi et coupé sur de la glace sèche. Toutes les manipulations doivent être réalisées sur glace.

1ere étape: Extraction des protéines

L'échantillon est dilué au 10ème dans le tampon d'homogénéisation par rapport au poids du muscle :

ex: Dia= 30g : 30x10=300   300-30= 270   270µl de Tpn

Homogénéiser au polytron électrique (environ 10s)

Centrifuger à 4°C à 1000g rpm pendant 10 min

Récupérer le surnageant puis réaliser un dosage de protéine avec le Kit BCA.

2ème étape: Dénaturation et préparation des échantillons

Dans un tube eppendorf, préparer les échantillons musculaires en fonction des concentrations des échantillons afin d'obtenir une concentration finale à 2µg/µl ou 4µg/µl.

Ex: Echantillon à 2µg/µl, pour un volume final de 40µl d'un échantillon dont la concentration est 16µg/µl

Ajouter :

1.   Tampon lyse : 15µl
2.   Echantillon : 5µl (V pour 4µg/µl final)
3.   Laemli 2x : 20µl

Dénaturer les échantillons 5min à 95°C.

3ème étape: Séparation sur gel SDS-PAGE: Migration

Les échantillons sont ensuite séparés sur un gel polyacrylamide entre 7 et 20% par électrophorèse, selon la taille des protéines.

Charger délicatement les échantillons dans les puits du gel puis remplir la cuve de tampon de migration. Faire migrer entre 100 et 150 volts pendant 1 à 2h30: le temps de migration appliqué dépend des poids moléculaires des protéines à séparer.

4ème étape : Transfert des protéines sur membrane

Utiliser des membranes de nitrocellulose de porosité 0,2 µm pour les protéines de poids inférieurs à 100kDa. Sinon, utiliser les membranes 0,45 µm.

Mettre les membranes, le papier wattman et les éponges dans le tampon de transfert.

Pour le montage : face noire de l'appareil, l'éponge, 2 papier wattman, le gel (le premier puits à droite), la membrane de nitrocellulose, 2 papier wattman et l'éponge.

Le transfert se fait à 100 Volts pendant 1heure à froid (bac glaçon dans congélateur).

5ème étape: Immunomarquage

Incuber la membrane dans,

- Tampon de blocage : 1h sous agitation
- Anticorps primaire : 1h TA ou overnight 4°C sous agitation
- Rincer dans PBS-T 1X ou TBS-T 1X : 3 x 5 min
- Anticorps secondaire couplés à un fluorochromes: 1h TA sous agitation
- - Rincer dans PBS-T 1X ou TBS-T 1X : 3 x 5 min

6ème étape : Révélation

- Sécher correctement les membranes à l'aide de papier absorbant, les abriter au maximum de la lumière.
- Révéler les membranes à l'aide de l'Odyssey Infrared Imaging system.
- Analyser la densité des bandes (logiciel ImageJ)

	Running			
% du gel	**7%**	**10%**	**12%**	**15%**
H2O	**5.55**	**4.8**	**4.3**	**3.59**
Acrylamyde 40%	**1.75**	**2.5**	**3**	**3.75**
Tris HCL 1.5M ph 8.7	**2.5**	**2.5**	**2.5**	**2.5**
SDS 20%	**50µl**	**50µl**	**50µl**	**50µl**
APS 10%	**100µl**	**100µl**	**100µl**	**100µl**
Temed	**10µl**	**10µl**	**10µl**	**10µl**

	Stacking			
Nombre de gel	**X1**	**X2**	**X3**	**X4**
H2O	**2.18**	**4.36**	**6.54**	**8.72**
Acrylamyde 40%0	**375µl**	**750µl**	**1.125**	**1.5**
Tris HCL 1.M ph 6.8	**380µl**	**760µl**	**1.14**	**1.52**
SDS 20%	**15µl**	**30µl**	**45µl**	**60µl**
APS 10%	**30µl**	**60µl**	**90µl**	**120µl**
Temed	**5µl**	**10µl**	**15µl**	**20µl**

Tampon de migration
Tampon de migration 10X commercial
Tampon de migration 1X (Volume 4L) :
Tampon 10X 400mL + 20 mL SDS20% qsp eau

	Concentration finale	Quantité
Tampon 10X	1X	400mL
SDS 20%	0,1%	20mL

Tampon de transfert
700mL d'eau
200 mL d'éthanol
100 mL de tampon de migration 10X 5ml de SDS 20%

Préparation des solutions

Tampon d'homogénéisation:

Pour **100ml**:
- Sucrose 210 mM: 7.188g (MW: 342.3)
- HEPES 30 mM: 0.715g (MW:288.3)
- EGTA 2mM: 0.076g (MW:380.4)
- NaCl 40 mM: 0.233g (MW:58.44)
- EDTA 5 mM: 0.073g(MW: 295.24)

Ajuster avec de l' H_2O jusqu'à 80ml. Ajuster le pH @7.4. Completer le volume jusqu'à 100ml avec H_2O. Stock @ 4°C
Le jour même:
- Phosphatase Inhibitor Cocktail 2 and 3 (Sigma P5726 and P0044) dilution 1/100ème
- Inhibiteurs de protéases (Santa Cruz B0807): Dissoudre une tablette dans 2ml H_2O. De cette solution mettre 10µl pour 100µl d'extrait.

Tampon Laemmli

	Concentration finale
Tris base	125mM, pH 6,8
SDS 20%	4%
Urée	4M
Glycérol	20%
Bromophenol Blue	

Analyses Statistiques des résultats

Les valeurs sont exprimées en moyenne ± Standard Error of the Mean (SEM). Les statistiques et les figures ont été réalisées à partir du logiciel Graphprism ou Origin. La normalité des échantillons est évaluée avec les tests de Kolmogorov-Smirnov et les droites de Henry pour déterminer le choix d'utilisation des tests paramétriques. Des t de Student ou le test U de Mann-Whitney ont été utilisés pour la comparaison de deux groupes selon la normalité des données et des ANOVA à un ou deux facteurs lorsque l'analyse comportait plus de deux groupes (Ex : Effet génotype / Effet traitement). Des ANOVA à deux facteurs pour mesures répétées ont été utilisées pour les mesures de propriétés contractiles. Les ANOVA ont été suivies de test post-hoc Bonferronni pour la comparaison des groupes en cas de significativité. Le seuil de significativité a été fixé pour un $p < 0,05$.

Résultats

Résultats

1. Impact de la déficience en myostatine et d'un traitement à l'AICAR sur le muscle squelettique âgé de souris

1.1.Introduction

La protéine myostatine, un membre de la famille des TGFβ (transforming growth factors), qui est exprimée dans le muscle squelettique, suscite beaucoup d'intérêt dans le traitement de l'atrophie musculaire présente dans la sarcopénie. En effet, l'inhibition génétique de ce régulateur négatif de la masse musculaire engendre un phénotype hypermusclé dans différentes espèces animales, avec un cas chez l'homme. Ces études suggèrent qu'inhiber la mstn serait une stratégie efficace pour maintenir la masse musculaire des individus âgés. Dans ce contexte, différentes études ont montré qu'une inhibition aigue de la mstn en utilisant l'anticorps PF-354 chez des souris âgées de 24 mois améliore significativement le poids musculaire (LeBrasseur et al., 2009) ainsi qu'une inhibition génétique de la mstn atténue l'atrophie musculaire lié à l'âge chez des souris (Murphy et al., 2010; Siriett et al., 2006). Au delà de l'effet hypertrophique, d'autres études ont démontré l'intérêt d'inhiber la mstn en prévention de l'altération de la fonction cardiaque liée à l'âge (Jackson et al., 2012), ou de l'ostéoporose et de la sensibilité à l'insuline chez des souris sénescentes (Morissette et al., 2009). Pris dans leur ensemble, ces observations suggèrent que l'inhibition de la mstn représente une stratégie intéressante pour augmenter la masse musculaire, la fonction physique et le métabolisme en général chez les mammifères âgés (LeBrasseur et al., 2009).

Cependant, la perte de l'expression de la mstn chez la souris jeune est associée avec
des spécificités contractiles et métaboliques au niveau du muscle squelettique. La force spécifique (ratio de la force par rapport à la masse), un marqueur de l'efficience contractile du muscle, est réduite chez la souris KO mstn par rapport aux souris WT (Mendias et al., 2006; Schirwis et al., 2013). Une diminution du contenu mitochondrial, réduisant la capacité oxidative du muscle, a également été rapportée (Amthor et al., 2007; Lipina et al., 2010; Savage and McPherron, 2010). Ces effets secondaires de la délétion de la mstn, pourraient être mis en relation avec le phénotype rapide observé au niveau des fibres musculaires. En effet, le tissu déficient en mstn présente une proportion plus importante des fibres de type I, rapides (Girgenrath et al., 2005). De manière similaire, de récentes données

obtenues dans notre laboratoire ont mis en évidence un découplage de la respiration des mitochondries intermyofibrillaires dans les muscles glycolytiques, associé à une augmentation de la fatigabilité suite à des tests de contractilité ex vivo (Ploquin et al., 2012). Dans leur ensemble, ces défauts mitochondriaux associés à une altération de la fonction contractile, soulève l'intérêt d'activer la biogénèse et le métabolisme mitochondrial pour améliorer la fonction du tissu musculaire déficient en mstn et optimiser ainsi les thérapeutiques d'avenir associées à la modulation de l'expression de la mstn.

PGC-1α est connu pour être un acteur clé dans la régulation de la biogénèse mitochondriale et du métabolisme énergétique (Wu et al., 1999). Dans des conditions de privation énergétique, son expression et sa phosphorylation sont nettement augmentées par l'activation d'AMPK, un senseur majeur du statut énergétique de la cellule. Cette kinase stimule les voies cataboliques pour produire de l'énergie, notamment en induisant l'expression de protéines impliquées dans le transport du glucose (GLUT4) et celui des acides gras (FAT/CD36) (Jørgensen et al., 2007; Leick et al., 2010). En activant AMPK et PGC-1α, l'exercice en endurance améliore le métabolisme aérobie du muscle. Dans certaines conditions comme l'âge, l'utilisation d'agent mimétique de l'exercice représente une stratégie thérapeutique intéressante (Narkar et al., 2008). En effet, l'activation chronique de l'AMPK, induit par un traitement utilisant l'agoniste AICAR (5-aminoimidazole-4-carboxamide-1-D-ribofuranoside) permet d'activer la biogénèse mitochondriale, et de réguler le métabolisme oxydatif en mimant les effets de l'exercice aérobie dans le muscle squelettique.

Le but de ce travail a été double: dans un premier temps identifier l'effet du vieillissement sur la fonction musculaire et le métabolisme mitochondrial du tissu musculaire de souris KO mstn par rapport à des souris WT, et dans un second temps étudier l'effet d'une activation pharmacologique de l'AMPK par l'AICAR, un booster du métabolisme mitochondrial sur le tissu musculaire âgé de ces deux populations de souris.

Nous avons montré dans cette étude que 1) le phénotype glycolytique hypermusclé de la souris KO mstn est maintenu avec l'âge, associé à une diminution de la performance aérobie et une réduction des marqueurs du contenu mitochondrial. 2) Un traitement à l'AICAR n'a pas d'effet bénéfique sur le muscle squelettique de la souris WT et ne peut pas être considéré comme un mimétique de l'exercice chez la souris âgée, et 3) Un traitement à l'AICAR induit une augmentation de l'endurance de course chez la souris âgée KO mstn. Des effets bénéfiques limités sont observés sur la fonction mitochondriale. Activation de PGC-1α, réduction du stress du RE et altérations calciques sont des mécanismes envisagés.

1.2.Méthodologie

Les souris mâles KO mstn, utilisées dans cette étude, ont été précédemment décrites (Grobet et al., 2003). Ces lignées sont développées et entretenues au sein de l'animalerie de l'unité à l'INRA. Un génotypage permettant de confirmer la lignée de la souris est réalisé dans le premier mois de naissance. Les souris sont ensuite élevées individuellement ou par paires. Nourriture et eau sont fournies ad libitum. Des mâles, âgés de 21 mois, KO mstn ou sauvage (WT) (n= 17-19/ génotype) ont été aléatoirement divisés en deux groupes, un groupe traité avec un placebo (WT+placebo et KO+placebo) ou traité à l'AICAR (WT+AICAR and KO+AICAR) (n=8-10/groupe). Pendant 4 semaines, 5j/7, les souris ont reçu une injection intrapéritonéale contenant soit le placebo (0.9% NaCl) soit l'AICAR (Toronto Research chemicals, Toronto, ON, Canada) à une dose de 500mg/kg de poids corporel, selon la posologie de Narkar et al. Avant et après le traitement, les souris ont réalisé des tests de course sur tapis roulants (**méthodologie 1**). Les souris ont ensuite été euthanasiées par dislocation cervicale puis pesées. Sur muscle frais (mix de muscles glycolytiques : Un tibialis antérieur, un gastrocnémiens et un quadriceps), les mitochondries ont été isolées et fractionnées (**méthodologie 4**) en deux populations: les mitochondries sous-sarcolemmales qui génèrent de l'ATP pour les échanges cellulaires, et les mitochondries intermyofibrillaires, responsables de la production d'ATP pour la contraction musculaire. Des analyses de respiration mitochondriale (**méthodologie 9**) ont ensuite été réalisées. Les autres muscles ont été prélevés, pesés, congelés dans l'azote liquide, puis conservés à -80°C en attente des analyses de dosage d'activité des enzymes mitochondriales (**méthodologie 8**) et de dosage de l'expression de protéines musculaires par immunoblotting (**méthodologie 13**).

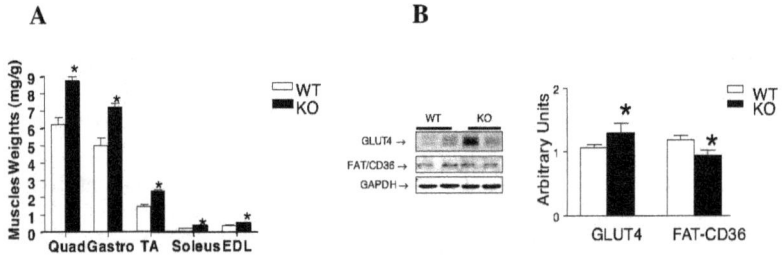

Figure 1. La déficience en mstn est une voie thérapeutique intéressante pour maintenir une masse musculaire élevée avec l'âge. A. Poids des muscles en mg/g de poids corporel. **B.** Représentation et quantification des western blots des transporteurs glucidiques (GLUT4) et lipidiques (FAT-CD36). Les données sont exprimées en moyenne ± SEM; n=6-14; *p<0.05 KO vs WT.

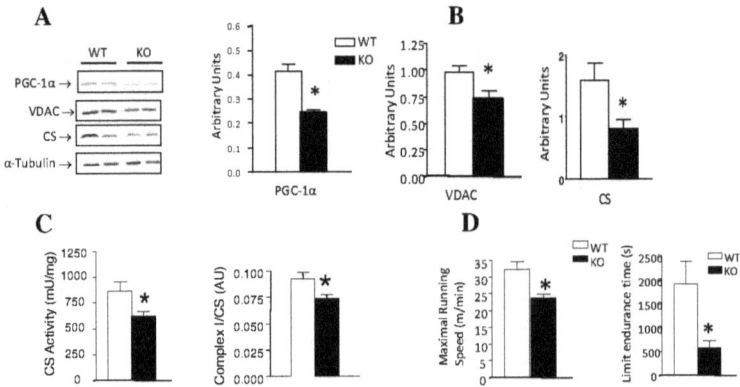

Figure 2. La souris KO mstn âgée présente une réduction du métabolisme oxydatif. A. Représentation et quantification des western blots des niveaux protéiques de PGC-1a, VDAC et CS. **B.** Activité enzymatique de complexes mitochondriaux. **C.** Vitesse maximale de course et temps limite en endurance de souris âgées WT comparées à des souris âgées KO mstn. Les données sont exprimées en moyenne ± SEM; CS: Citrate Synthase; AU: Unité Arbitraire. n=6-9; *p<0.05 KO vs WT.

1.3.Résultats

Les résultats principaux montrent que la souris **KO mstn âgée conserve son phénotype hypermusclé par rapport à la souris WT, associé à un phénotype glycolytique.** En effet, le poids corporel ainsi que le poids des muscles est plus élevé chez la souris KO mstn (Fig. 1A). De plus, la souris KO mstn présente une augmentation significative de l'expression protéique des transporteurs du glucose GLUT4, et inversement une diminution des transporteurs des lipides FAT/CD36 (Fig. 1B). **La souris KO mstn âgée présente une réduction du métabolisme oxydatif, avec une diminution marquée du contenu mitochondrial associé à une altération de la performance aérobie de course.** Les analyses de WB d'homogénats d'EDL indiquent une diminution significative de PGC-1α chez les souris KO mstn âgées, associée à une diminution de la protéine mitochondriale VDAC et de la Citrate Synthase (CS), deux marqueurs de densité mitochondriale (Fig. 2A). De plus, l'activité de la CS est également diminuée (-30% comparée au souris âgées WT), ainsi que l'activité du complexe I de la chaine respiration, tandis qu'aucun changement n'est observé concernant les autres complexes de la chaîne respiratoire (complex II-II+III-COX) (Fig. 2B). Concernant les mesures de respiratoire mitochondriale, nous avons fractionné les mitochondries en 2 sous populations. Nous n'avons pas observé de différence sur les paramètres de respiration mitochondriale (RCR) entre les 2 génotypes. Enfin, les souris âgées KO mstn présentent une réduction significative de la vitesse maximale aérobie (VMA), et du temps limite en endurance comparées aux souris âgées WT (Fig. 2C).

En ce qui concerne l'impact du traitement AICAR, nous avons observé **des effets différentiels entre les deux génotypes. Chez la souris WT,** contrairement à ce qui a été observé par Narkar et al., le traitement AICAR n'a augmenté ni la VMA ni l'endurance des souris âgées (Fig. 3D). Au niveau des mécanismes signalétiques, le traitement a induit une augmentation de l'expression de PGC-1α mais sans augmentation des marqueurs du métabolisme mitochondrial oxydatif (AMPK, VDAC, CS) (Fig. 3A). On observe même une diminution du RCR dans les mitochondries IMF après traitement, indice d'inefficacité respiratoire (Fig. 3B). L'activité enzymatique des complexes respiratoires I, II et de la COX est diminuée (Fig. 3C).

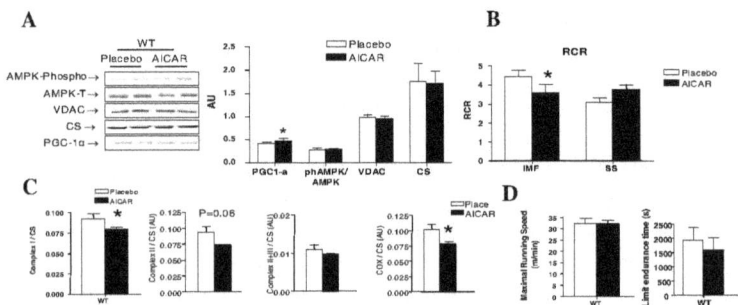

Figure 3. Le traitement à l'AICAR n'a pas d'effet sur la capacité oxydative du muscle des souris âgées WT. A. Représentation et quantification en western blots des niveaux protéiques d'AMPK, de VDAC, de la CS et de PGC-1a. **B.** Mesures de respiration mitochondriale sur mitochondries isolées. **C.** Activité enzymatique de complexes mitochondriaux. **D.** Vitesse maximale de course et temps limite en endurance chez des souris âgées WT ayant recu un placebo ou le traitement à l'AICAR. Les données sont exprimées en moyenne ± SEM; IMF: Inter MyoFibrillar ; SS: SubSarcolemal ; RCR : Respiratory Control Ratio; CS: Citrate Synthase; AU: Unité Arbitraire. n=6-9; *p<0.05 Placebo vs AICAR.

Chez les souris KO mstn, à l'inverse, le traitement AICAR a eu un effet positif sur l'endurance de course avec des valeurs représentant 30% des résultats des WT en situation placebo et 87% en situation AICAR (Fig. 4A).

Au niveau signalétique, cette étude montre que le traitement AICAR stimule l'expression de PGC-1α et de manière plus importante que celle observée chez les WT (Fig. 4C). Cet effet est associé à une augmentation de l'activité enzymatique des complexes respiratoires sans activation parallèle de la biogénèse mitochondriale (Fig. 4D). L'analyse des marqueurs de l'autophagie démontre que le traitement AICAR n'a pas impacté ce processus cellulaire confirmant un effet AMPK-autophagie indépendant (Fig. 5A). Par contre, le traitement AICAR a induit de manière spécifique une réduction de la protéine chaperonne GRP78 suggérant une réduction du stress du RE chez la souris KO mstn (Fig. 5B). Ce résultat ouvre l'hypothèse d'un impact du traitement sur la signalisation calcique. Des mesures complémentaires sont en cours afin d'aller plus loin dans l'analyse mécanistique des résultats physiologiques observés.

1.1.Conclusion

Ces résultats font l'objet d'un article actuellement soumis à Aging Cell. Ils sont discutés de manière spécifique dans l'article joint et font l'objet d'une discussion générale en fin de manuscrit. Dans l'ensemble, ces résultats mettent en évidence premièrement que l'inhibition de la mstn est une stratégie intéressante pour agir contre la perte de masse musculaire liée avec l'âge, mais soulignent en parallèle l'importance d'améliorer la qualité oxydative du muscle squelettique âgé déficient en mstn. Deuxièmement, bien que l'AICAR n'ait pas réussi à être un mimétique de l'exercice dans le muscle squelettique WT âgé, nous avons montré une augmentation de la performance de course aérobie chez la souris déficiente en mstn, associée à des effets bénéfiques mais limités sur la fonction mitochondriale. Au niveau des mécanismes, l'hypothèse d'une modulation du processsus autophagique est exclue. Un stress du RE diminué et une amélioration des échanges calciques seraient les mécanismes envisagés. Cette étude souligne la pertinence d'améliorer le muscle de personnes âgées par des approches complémentaires impactant à la fois sur la masse et la fonction musculaire, et suggère que la modulation de l'expression de la mstn et les activateurs de PGC-1α sont des thérapeutiques d'avenir.

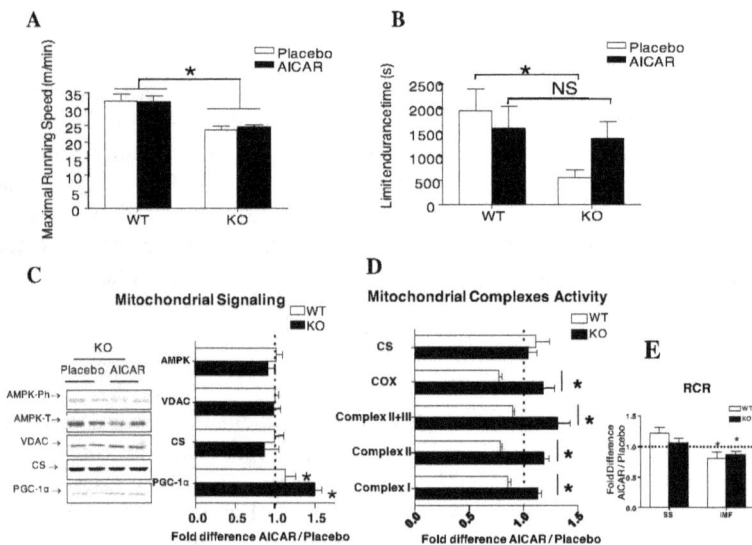

Figure 4. Le traitement à l'AICAR améliore les capacités aérobies des souris KO mstn âgées et a des effets bénéfiques limités sur la fonction mitochondriale. A. Vitesse maximale de course et **B.** temps limite en endurance. **C.** Représentation et quantification en WB des niveaux protéiques d'AMPK, de VDAC, de la CS et de PGC-1a. **D.** Activité enzymatique de complexes mitochondriaux. **E.** Mesure de respiration mitochondriale sur mitochondries isolées. Le chiffre 1 représente la valeur CTL placebo. Les valeurs au dessus de 1 traduisent une upregulation de la protéine après traitement à l'AICAR. Les données sont exprimées en moyenne ± SEM; NS : Non Significatif; RCR : Respiratory Control Ratio; CS: Citrate Synthase; AU: Unité Arbitraire. n=6-9; *p<0.05 WT vs KO.

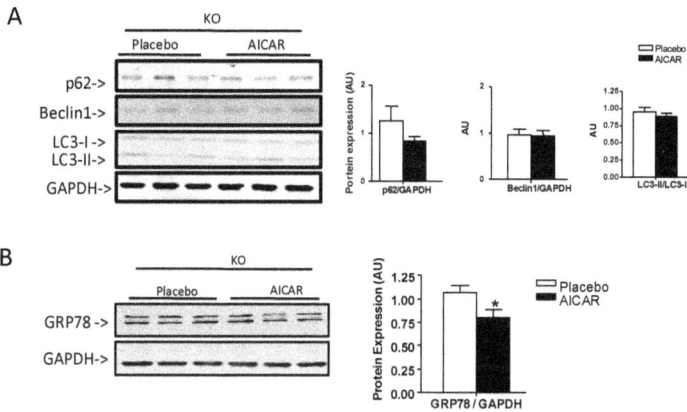

Figure 5. Le traitement à l'AICAR induit une diminution du stress du RE chez la souris âgée KO mstn. Les effets de l'AICAR chez la souris KO mstn âgée sont indépendants de l'autophagie. Représentation et quantification des différents westernblots réalisées sur homogénats du muscle EDL et montrant l'expression des marqueurs de l'autophagie (A) et de la protéine chaperonne GRP78 (B). Les données sont réprésentées en moyenne ± SEM. AU, Arbitrary Units. n=6-8.

2. Une stimulation chronique de l'AMPK améliore le phénotype dystrophique de la souris mdx

2.1. Résumé – Introduction

La Dystrophie Musculaire de Duchenne (DMD) est caractérisée par la mort des myofibres par apoptose et nécrose, menant à une faiblesse des muscles respiratoires mettant en jeu le pronostic vital des patients. Parmi les autres caractéristiques physiopathologiques, la DMD présente de sévères altérations de la régulation de gènes métaboliques et une dysfonction mitochondriale. Les mitochondries altérées ne sont pas seulement la cause du déficit énergétique, mais elles jouent également un rôle important dans l'atrophie et les lésions musculaires, via l'ouverture du port de perméabilité de transition (PTP).

L'autophagie est un mécanisme de dégradation majeur qui augmente la production d'énergie et élimine les organelles altérées, notamment les mitochondries endommagées (mitophagie). Dans cette étude, nous posons l'hypothèse que l'activation pharmacologique de l'AMP- activated protein kinase (AMPK), un senseur majeur du métabolisme cellulaire et un activateur de la voie de l'autophagie, est bénéfique chez la souris mdx, modèle murin de la DMD. Un traitement de 4 semaines des souris mdx, avec un agoniste de l'AMPK, AICAR (5-aminoimidazole-4- carboxamide-1-b-D-ribonucleoside), a largement activé l'autophagie dans le diaphragme de mdx sans induire l'atrophie des fibres musculaires. Le traitement AICAR a permis de restaurer la sensibilité accrue des mitochondries de diaphragme mdx à ouvrir le pore de perméabilité suite à une charge de calcium. Ces résultats sont associés avec l'amélioration de l'histopathologie et de la capacité maximale de force du diaphragme mdx. Ces résultats suggèrent que les agonistes de l'AMPK et d'autres activateurs de la voie de l'autophagie aident à éliminer les mitochondries endommagées et pourraient être des cibles thérapeutiques pertinentes dans la DMD.

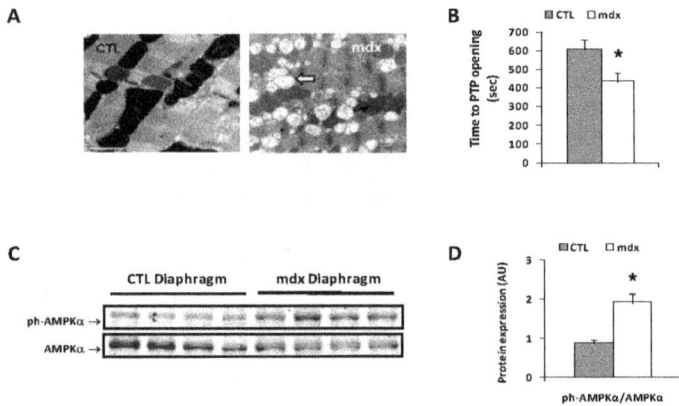

Figure 1. Les fibres de diaphragme mdx présentent des mitochondries endommagées et une ouverture précoce du PTP. A. Image de microscopie électronique représentant les différences de morphologie mitochondriale entre du diaphragme WT (CTL) et mdx. **B.** Temps d'ouverture du PTP après induction de calcium sur des fibres musculaires disséquées et perméabilisées. **C.** Représentation et **D.** Quantification de la forme phosphorylée sur la forme totale de l'AMPK. Les données sont représentées en moyenne ± SEM. $p < 0.05$; n=7-9.

2.2. Méthodologie

Agées de six semaines, les souris ont reçu par injection intrapéritonéale d'AICAR (Toronto Research chemicals, Toronto, ON, Canada), une dose quotidienne de 500 mg/kg de poids corporel (5/7 jours par semaine), pendant 4 semaines. Les souris mdx non traitées ont reçu de la même manière un placebo (0.9% NaCl), et les souris wild-type (C57BL6) n'ont reçu aucun traitement. Les cultures de myotubes primaires de souris mdx ont été réalisées sur myofibres isolées comme décrit précédemment (Demoule et al., 2005). Après sacrifice, les muscles des souris (Diaphragme, TA…) ont été prélevés et congelés dans de l'isopentane préalablement refroidi à l'azote avant de réaliser des mesures d'immunohistochimie et de morphométrie (**méthodologie 3**). Une partie du diaphragme a été utilisée pour quantifier les marqueurs protéiques de l'autophagie et de la voie de l'AMPK par western blot (**méthodologie 13**).

La fonction mitochondriale a été étudiée sur fibres de TA disséquées et perméabilisées. Des mesures de libération et séquestration d'H_2O_2 mitochondrial (**méthodologie 6**), de la fonction du PTP mitochondrial (**méthodologie 7**), d'activité enzymatique (**méthodologie 8**) et de respiration mitochondriale (**méthodologie 9**) ont été réalisées.

La contractilité musculaire du diaphragme et de l'EDL a été mesurée sur muscle frais selon la méthode précédemment décrite (**méthodologie 2**).

2.3. Résultats

Le muscle dystrophique présente une ouverture du PTP précoce ainsi qu'une déficience énergétique. Le diaphragme dystrophique contient un grand nombre de fibres présentant des mitochondries anormales caractérisées par une structure interne éclatée et une apparence dilatée (Fig. 1A). Pour évaluer la fonction mitochondriale, des fibres perméabilisées sont exposées à une charge calcique et le temps d'ouverture du PTP est mesuré. De manière significative, le PTP des mitochondries de diaphragme mdx s'ouvre précocement comparé à celui des souris contrôles (Fig. 1B). En plus de la morphologie et de la fonction anormale des mitochondries observée chez la mdx, un niveau supérieur d'activation d'AMPK (phosphorylation) est présent dans le diaphragme de souris mdx par rapport à celui des diaphragmes contrôles, ce qui est cohérent avec la capacité accrue des myofibres dystrophiques à percevoir un déficit énergétique (Fig. 1C-D).

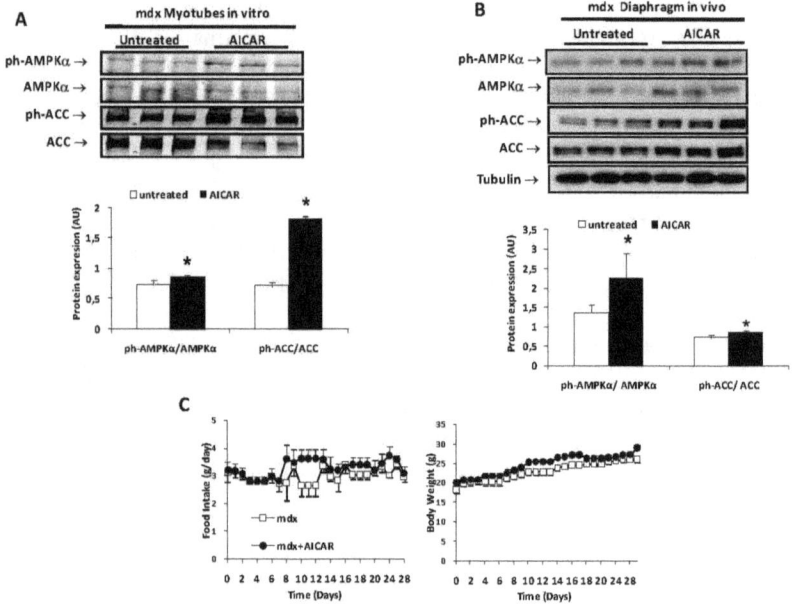

Figure 2. AICAR favorise l'activation de l'AMPK dans le muscle dystrophique *in vitro* et *in vivo*. A et B. Forme phosphorylée et totale de l'AMPK et de l'acetyl CoA carboxylase (ACC) dans des cultures primaires de myotubes de souris mdx (A) et dans du diaphragme de souris mdx *in vivo* (B). **C.** Nourriture ingérées et poids corporel durant les 4 semaines de traitement.

Le traitement AICAR active AMPK et ACC dans le muscle dystrophique. Pour déterminer si le traitement AICAR de courte durée « booste » l'activation d'AMPK dans le muscle dystrophique, nous avons dans un premier temps examiné les effets du traitement AICAR sur la phosphorylation d'AMPK et sur une de ces cibles en aval, l'ACC (acetyl CoA carboxylase) dans des myotubes primaires de souris mdx (Fig. 2A). AICAR induit la phosphorylation de la sous-unité α de l'AMPK et de l'ACC *in vitro*. Comme attendu, AICAR induit également l'activation d'AMPK *in vivo*, avec une augmentation du niveau de phosphorylation de l'AMPK et de l'ACC dans le diaphragme de souris mdx après 48h le traitement AICAR (Fig. 2B). La nourriture ingérée n'est pas significativement différente entre le groupe de souris mdx non traité ou traité à l'AICAR durant toute la période de l'étude. De manière similaire, il n'y a pas de différence significative au niveau du poids corporel entre les deux groupes (Fig. 2C).

Un traitement à l'AICAR active l'autophagie et améliore la fonction du PTP mitochondrial. Après 4 semaines de traitement *in vivo*, une up-régulation majeure de plusieurs composants du programme autophagique est observée dans le diaphragme de mdx. Ceci se traduit par l'augmentation d'Ulk1 (une kinase initiatrice de l'autophagie, directement régulée par l'AMPK), ainsi que Beclin-1, un composant du complexe formé avec PI3K de classe III et impliqué dans l'initiation de l'autophagosome (Fig. 3A). De plus, le niveau de LC3-II, la forme lipidée de LC3 qui est générée durant le processus de formation de l'autophagosome, et le ratio de LC3-II/ LC3-I, sont supérieurs dans le groupe traité à l'AICAR (Fig. 3B).

Bnip3, une protéine associée à la mitochondrie et jouant un rôle crucial dans l'élimination des mitochondries par l'autophagie dans le muscle squelettique, est également significativement augmentée à la suite du traitement AICAR (Fig. 3C). Chez les souris mdx non traitées, les niveaux d'Ulk1, LC3 et Bnip3 sont tous légèrement supérieurs à ceux observés chez la souris WT. Ces résultats suggèrent un degré d'autophagie basale dans le diaphragme de la souris mdx, illustrant probablement une réponse adaptative au processus dystrophique lui-même. La protéine mTOR (mammalian target of rapamycin ou cible de la rapamycine chez les mammifères) existe au sein de deux complexes fonctionnels, mTORC1 et mTORC2, dont la forme est directement régulée par le statut énergétique de la cellule. Pour déterminer si la stimulation de l'autophagie induite par le traitement AICAR est associée à la modulation de mTORC1 dans le diaphragme de souris mdx, nous avons mesuré le niveau de protéine total et phosphorylé des principaux membres de mTORC1, mTOR, raptor, ainsi que la cible en aval p70S6K. Les niveaux de mTOR, raptor et p70S6K sont

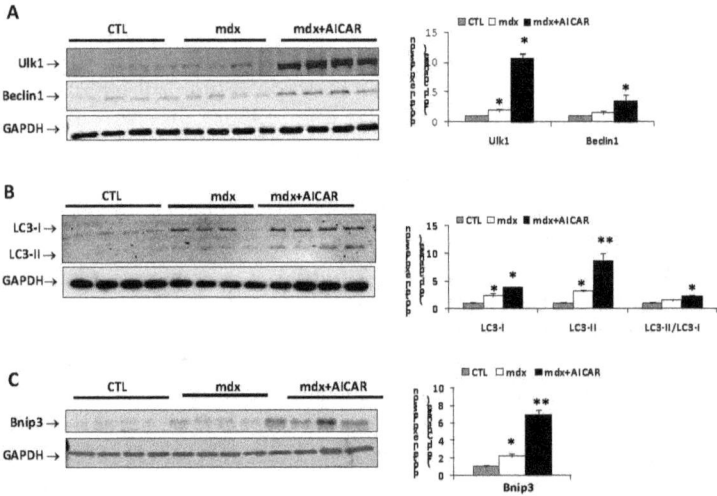

Figure 3. AICAR active la voie de l'autophagie dans le diaphragme de mdx.
Représentations et quantifications de western blots montrant le niveau d'expression des
protéines Ulk1 et Beclin-1 (**A**), LC3-I et LC3-II (**B**), et Bnip3 (**C**) dans du diaphragme
de souris CTL, mdx et mdx traitées à l'AICAR.

augmentés par rapport au WT dans les deux groupes de souris mdx (Fig. 4A-C). De plus, les formes phosphorylées de ces protéines sont également augmentées de manière proportionnelle, et les ratios de la forme phosphorylée sur totale de ces protéines sont inchangées entre les groupes mdx traités ou non à l'AICAR (Fig. 4D-F).

Chez les souris traitées à l'AICAR, les images de microscopie électronique suggèrent des améliorations qualitatives de la morphologie des mitochondries (Fig. 5A). Etant donné que l'autophagie est un mécanisme important dans l'élimination des mitochondries endommagées, nous avons ensuite cherché à déterminer si le traitement AICAR améliore la fonction du PTP.

De manière importante, l'anormale susceptibilité du PTP à s'ouvrir observée dans les fibres mdx, est normalisée avec un traitement à l'AICAR (Fig. 5B). Il n'y a pas eu de différence significative concernant la capacité des mitochondries à retenir le calcium dans les trois groupes. Enfin, le résultat majeur est que le processus d'autophagie est largement boosté par une administration chronique d'AICAR, et associé à une meilleure habilité des mitochondries à résister à la perméabilisation membranaire liée au calcium.

Un traitement à l'AICAR n'induit pas d'effet sur la biogénèse mitochondriale ni sur la fonction oxydative. En plus de l'autophagie, l'amélioration de la fonction du PTP mitochondrial après un traitement à l'AICAR peut être le résultat d'une augmentation de la biogénèse mitochondriale. Par conséquent, nous avons évalué si l'AICAR oriente le diaphragme de souris mdx vers un phénotype lent oxydatif. Après quatre semaines de traitement à l'AICAR, les niveaux d'ARNm de PGC-1α et PGC-1β, deux facteurs de transcription associé à l'activation de la biogénèse mitochondriale, sont inchangés par rapport aux souris non traitées (Fig. 6A). Chez les souris mdx traitées à l'AICAR, on observe une légère augmentation des fibres de type 1 (lente, oxydative) sans altération des fibres de type 2a (rapide, glycolytique) dans les fibres de diaphragme (Fig. 6B). Les western-blots révèlent une augmentation de l'expression du complexe I sans impact sur l'expression des complexes II, III et V (Fig. 6C). Le niveau d'expression de l'utrophine, protéine homologue à la dystrophine, qui est up-régulée dans les muscles mdx et fortement exprimée dans les fibres oxydatives, n'est pas modifié par le traitement AICAR dans le diaphragme de souris mdx. Les niveaux d'activité enzymatique mitochondriale de la citrate synthase et du cytochrome c oxydase (COX) n'ont pas changé dans le diaphragme suite au traitement à l'AICAR (Fig. 7A). Ces résultats suggèrent des effets minimes du traitement sur la capacité oxydative du diaphragme.

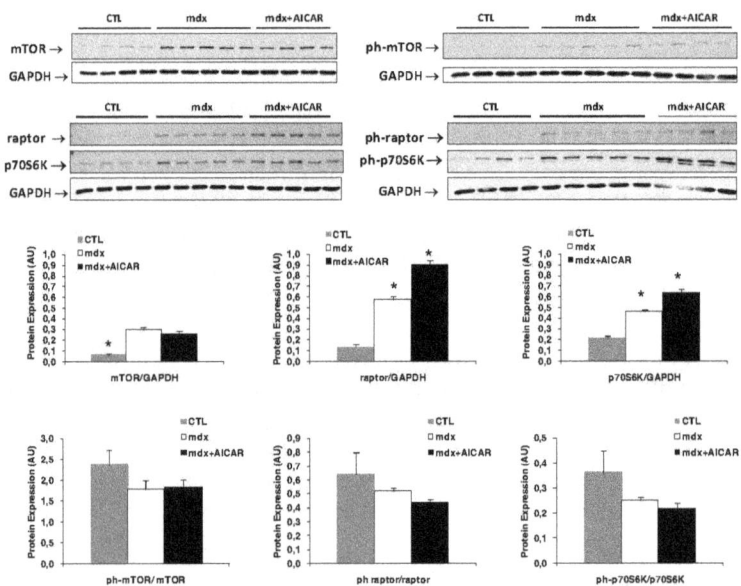

Figure 4. Le traitement à l'AICAR n'a pas affecté la voie signalétique de mTOR. Représentation et quantification des western-blots des niveaux de protéines des formes totales et phophorylées de mTOR, p70S6K et Raptor dans du diaphragme. Les données sont représentées en moyenne ± SEM. p<0.05 vs WT; n=4-5.

Au niveau fonctionnel, les mesures de respiration mitochondriale ne montrent aucune modification au niveau de la consommation d'oxygène à l'état basal (V0) et maximal (Vmax) (Fig. 7B). La fonction antioxydante a été déterminée en mesurant les flux H_2O_2 de fibres perméabilisées, en utilisant de l'Amplex Red. Ni la capacité de séquestration de l' H_2O_2 (Fig. 7C) ni la libération H_2O_2 (Fig. 7D), suite à la supplémentation de substrats ou l'inhibition de la chaîne de transport des électrons, sont affectées par le traitement à l'AICAR.

Dans leur ensemble, ces résultats indiquent que l'amélioration de la fonction du PTP mitochondrial dans le diaphragme de souris mdx après un traitement à l'AICAR n'est pas lié au développement d'un phénotype plus oxydatif des fibres musculaires.

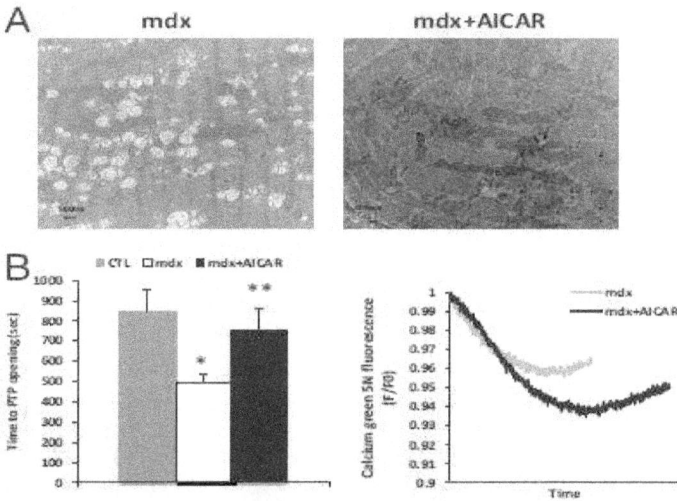

Figure 5. AICAR améliore la fonction du PTP mitochondrial dans des fibres de diaphragme de souris mdx. A. Images de microscopie électronique de mitochondrie de diaphragme mdx et mdx traitée à l'AICAR. B. Effet de l'AICAR sur l'ouverture du PTP.

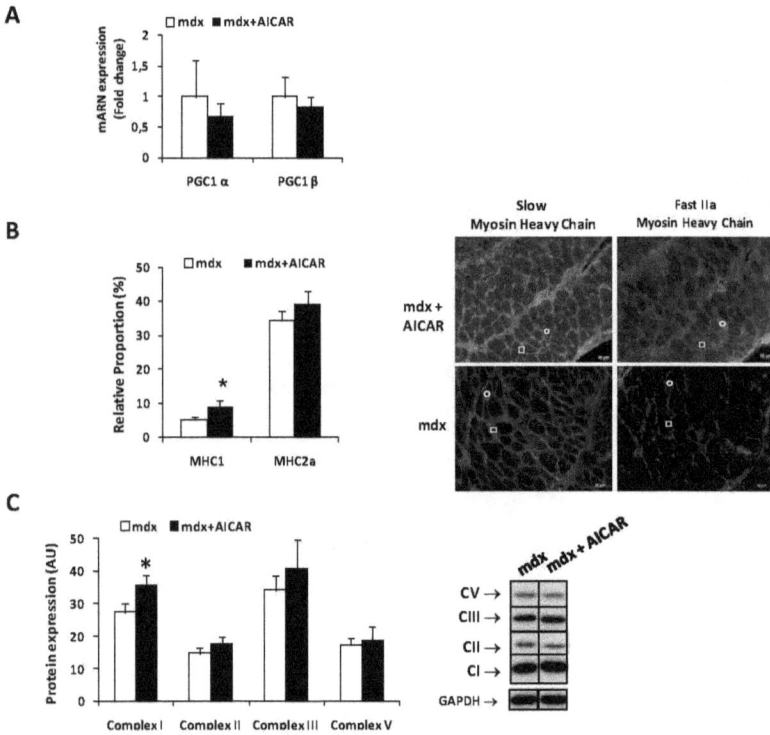

Figure 6. Effets de l'AICAR sur les fibres de type oxydatif et sur les complexes mitochondriaux. A. Niveau d'ARNm de PGC-1alpha et beta. **B.** Comparaison de la proportion relative de type de fibres dans le diaphragme mdx et mdx traitée à l'AICAR. **C.** Quantification par WB des complexes mitochondriaux respiratoires. Les données sont représentées en moyenne ± SEM. $p < 0.05$ vs WT.

Un traitement à l'AICAR améliore la structure et la fonction contractile du muscle dystrophique. Pour déterminer si l'induction de l'autophagie et l'amélioration de la fonction du PTP mitochondrial sont associées à l'amélioration du phénotype dystrophique du diaphragme, nous avons réalisé des analyses histologiques de diaphragmes de souris mdx traitées ou non traitées à l'AICAR. Des noyaux centraux au sein d'une fibre musculaire sont un indice de régénération musculaire, et leur proportion sont par conséquent considérés comme un reflet de nécrose chez la souris mdx. Le diaphragme des souris traitées à l'AICAR présente une diminution du pourcentage de fibres ayant un noyau central (Fig. 8A). De plus, la taille de la section transversale moyenne des fibres individuelles du diaphragme est inchangée, indiquant que l'activation de l'autophagie n'induit pas d'atrophie. De plus, le traitement à l'AICAR a partiellement éliminé la présence pathologique d'actine clivée (14kDa) dans le diaphragme mdx, un marqueur précédemment décrit dans l'atrophie musculaire (Fig. 8B). Enfin, nous avons comparé la force générée suite à une stimulation électrique de strip, ex vivo, de diaphragme mdx traité ou non traité à l'AICAR. La production de force maximale suite à une stimulation à des fréquences entre 30 et 120hz, est significativement plus élevée chez les souris mdx traité à l'AICAR comparé aux souris non traitées. La force maximale tétanique du diaphragme a été augmentée de 21%. Par contre, les propriétés d'endurance (résistance à la fatigue) ne sont pas affectées par le traitement à l'AICAR, ce qui est en lien avec l'absence d'effet observé sur la capacité oxydative

157

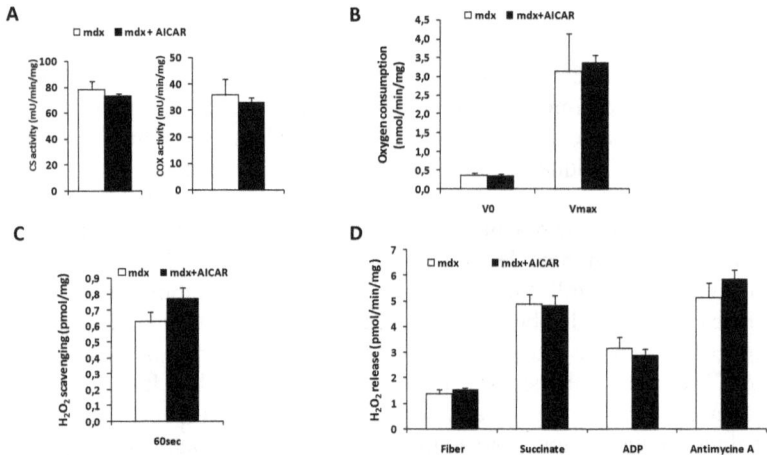

Figure 7. Le traitement à l'AICAR a des effets limités sur la fonction oxydative. A. Niveaux d'activité de la Citrate Synthase (CS) et de la Cytochrome C Oxidase (COX). **B.** Taux de consommation d'oxygène par unité de temps à un niveau basal en présence de glutamate-malate (V0) et après l'adition d'ADM (Vmax). **C.** Capacité tampon pour l'H_2O_2 après 60s d'addition d'H_2O_2 (40µmol/L) dans des fibres perméabilisées. D. Libération d'H_2O_2 des fibres de diaphragme perméabilisées en condition basale (Fiber) ou après l'ajout de succinate, ADP ou Antimycine A. Les valeurs sont exprimées en moyenne ± SEM. n=8-10.

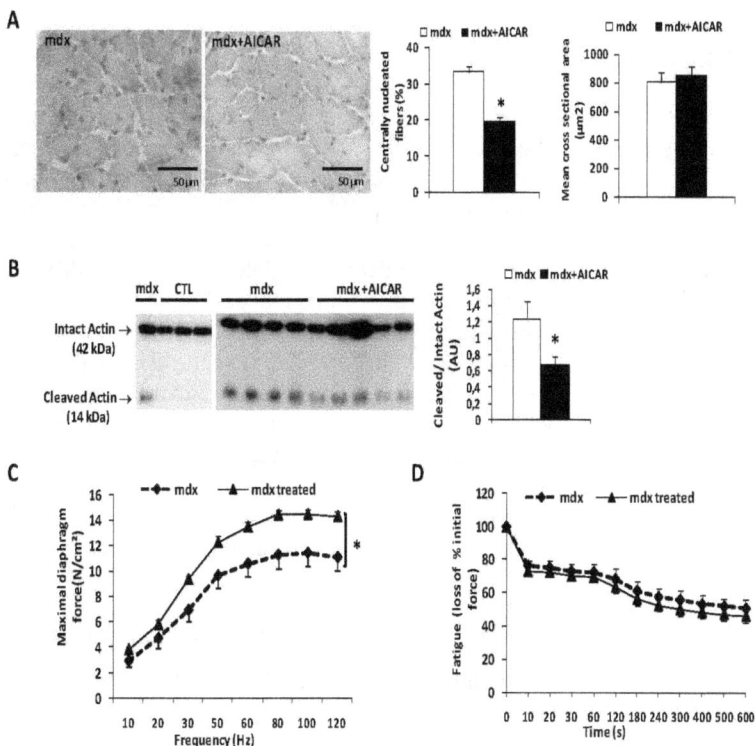

Figure 8. Effets bénéfiques du traitement à l'AICAR sur le phénotype dystrophique. A. Représentation de coupes colorées à l'H&E et % des fibres comportant un noyau central ainsi que la taille des fibres. **B.** Mesure par WB de l'actine clivée par rapport à l'actine totale. **C.** Force maximale diaphragmatique et **D.** résistance à la fatigue du diaphragme après stimulation électrique.

159

2.4. Conclusion

Ces résultats sont discutés plus spécifiquement dans l'article inséré ci-dessous qui a fait l'objet d'une publication dans l'American Journal of Pathology en 2012. Dans leur ensemble, nos résultats montrent qu'un traitement avec un agoniste de l'AMPK, AICAR, atténue de manière significative les signes histologiques de la pathologie et améliore la fonction contractile du diaphragme dans le modèle murin de la DMD. Ces effets bénéfiques sont associés à une induction de l'autophagie et à une amélioration de l'intégrité mitochondriale des fibres musculaires dystrophiques. Compte tenu de la disponibilité actuelle des médicaments couramment utilisés (ex metformine) pour stimuler l'AMPK, ces résultats suggèrent que l'AMPK pourrait représenter une cible thérapeutique intéressante dans la DMD. En effet, le concept général d'éliminer les mitochondries endommagées par programme autophagique via la stimulation de l'AMPK, est une approche prometteuse pouvant avoir un impact sur un large panel de pathologies musculaires.

2.5. Article 2: AMPK Activation Stimulates Autophagy and Ameliorates Muscular Dystrophy in the *mdx* Mouse Diaphragm

The American Journal of Pathology, Vol. 181, No. 2, August 2012
Copyright © 2012 American Society for Investigative Pathology.
Published by Elsevier Inc. All rights reserved.
http://dx.doi.org/10.1016/j.ajpath.2012.04.004

Molecular Pathogenesis of Genetic and Inherited Diseases

AMPK Activation Stimulates Autophagy and Ameliorates Muscular Dystrophy in the *mdx* Mouse Diaphragm

Marion Pauly,* Frederic Daussin,† Yan Burelle,†
Tong Li,‡ Richard Godin,† Jeremy Fauconnier,*
Christelle Koechlin-Ramonatxo,§ Gerald Hugon,*
Alain Lacampagne,* Marjorie Coisy-Quivy,*
Feng Liang,‡ Sabah Hussain,‡ Stefan Matecki,*
and Basil J. Petrof‡

From the Physiology and Experimental Medicine Heart-Muscle Unit, INSERM U1046, Montpellier 1 University, Montpellier, France; the Faculty of Pharmacy,† University of Montreal, Montreal, Quebec, Canada; the Meakins-Christie Laboratories and Respiratory Division,‡ McGill University Health Centre and Research Institute, Montreal, Quebec, Canada; and the Cellular Differentiation and Growth Unit,§ National Agronomic Research Institute-INRA-UMR A866, Montpellier, France*

Duchenne muscular dystrophy (DMD) is characterized by myofiber death from apoptosis or necrosis, leading in many patients to fatal respiratory muscle weakness. Among other pathological features, DMD muscles show severely deranged metabolic gene regulation and mitochondrial dysfunction. Defective mitochondria not only cause energetic deficiency, but also play roles in promoting myofiber atrophy and injury via opening of the mitochondrial permeability transition pore. Autophagy is a bulk degradative mechanism that serves to augment energy production and eliminate defective mitochondria (mitophagy). We hypothesized that pharmacological activation of AMP-activated protein kinase (AMPK), a master metabolic sensor in cells and on-switch for the autophagy-mitophagy pathway, would be beneficial in the *mdx* mouse model of DMD. Treatment of *mdx* mice for 4 weeks with an established AMPK agonist, AICAR (5-aminoimidazole-4-carboxamide-1-β-D-ribofuranoside), potently triggered autophagy in the *mdx* diaphragm without inducing muscle fiber atrophy. In AICAR-treated *mdx* mice, the exaggerated sensitivity of *mdx* diaphragm mitochondria to calcium-induced permeability transition pore opening was restored to normal levels. There were associated improvements in *mdx* diaphragm histopathology and in maximal force-generating capacity, which were not linked to increased mitochondrial biogenesis or up-regulated utrophin expression. These findings suggest that agonists of AMPK and other inducers of the autophagy-mitophagy pathway can help to promote the elimination of defective mitochondria and may thus serve as useful therapeutic agents in DMD. *(Am J Pathol 2012, 181:583–592; http://dx.doi.org/10.1016/j.ajpath.2012.04.004)*

Duchenne muscular dystrophy (DMD), the most common X-linked lethal disorder in humans, is caused by defects in the dystrophin gene.[1] Absence of dystrophin is associated with muscle fiber death involving both apoptosis and necrosis.[2] Because DMD affects the diaphragm and other respiratory muscles, many patients die of respiratory failure. Although the ideal treatment for DMD would be restoration of dystrophin expression to all muscles of the body, this is not currently feasible, and there is an urgent need for new therapies. The *mdx* mouse also lacks dystrophin, and is a commonly used animal model for studying the disease and its potential responsiveness to new treatments.[3]

Muscles lacking dystrophin exhibit multiple cellular defects, including abnormal fragility of the sarcolemma, increased oxidative stress, and elevated cytosolic calcium levels.[4] DMD muscles also show mitochondrial dysfunction and diminished expression of energy-producing metabolic genes.[5,6] Conversely, forced expression of the mitochondrial biogenesis factor peroxisome proliferator-activated receptor-γ coactivator 1-α (PGC-1α; official

Supported by grants from the Canadian Institutes of Health Research, the Health Research Fund of Quebec, the French National Health and Medical Research Institute, Researcher of the Future award from the Regional Council of Languedoc Roussillon, and the French Association Against Myopathies.

Accepted for publication April 5, 2012.

S.M. and B.J.P. contributed equally to this work.

Supplemental material for this article can be found at http://ajp.amjpathol.org or at http://dx.doi.org/10.1016/j.ajpath.2012.04.004.

Address reprint requests to Basil J. Petrof, M.D., McGill University Health Centre, Royal Victoria Hospital Site, Respiratory Division, Room L4.11, 687 Pine Ave. West, Montreal, QC, H3A 1A1, Canada. E-mail: basil.petrof@mcgill.ca.

symbol, PPARGC-1-α) ameliorates dystrophic pathology in *mdx* mice.[7] AMP-activated protein kinase (AMPK), a major sensor of cellular energy status, switches on mechanisms favoring ATP generation under conditions of energetic deficiency.[8] Thus, AMPK can stimulate mitochondrial biogenesis through the PGC-1-α pathway, as well as through catabolic pathways that fuel energy production. Chief among these catabolic mechanisms is the lysosomally mediated process of macroautophagy (henceforth referred to simply as autophagy), which targets cellular constituents that are too large to be removed by other degradative pathways.[9,10]

In addition to its energy-producing function, autophagy plays a critical role in cellular quality control by preferentially eliminating proteins and organelles that are nonessential or dysfunctional, including defective mitochondria.[9,10] Recent work has linked defects in autophagic removal of mitochondria (mitophagy) to Parkinson's disease and other neurodegenerative diseases, as well as to muscular dystrophy associated with collagen VI deficiency.[11,12] Impaired mitophagy permits the accumulation of damaged mitochondria, which not only perform poorly in their energy-generating role but also have a greater propensity to undergo opening of the mitochondrial membrane permeability transition pore (PTP) complex.[12,13] This leads to mitochondrial swelling, collapse of the mitochondrial membrane potential, and release of proapoptotic factors, which have been implicated not only in cell death but also in muscle fiber atrophy and injury.[14,15]

In the present study, we postulated that therapeutic activation of AMPK might stimulate autophagic removal of defective mitochondria in *mdx* mice, thereby leading to beneficial effects on mitochondrial PTP opening, as well as on the overall muscular dystrophy phenotype. To test this hypothesis, we treated *mdx* mice with AICAR (5-aminoimidazole-4-carboxamide-1-β-D-ribofuranoside), an established pharmacological activator of AMPK[16] that has been shown to promote mitophagy.[17] We focused the present study on the *mdx* mouse diaphragm, because this model closely mimics human DMD with respect to both fiber loss and weakness.[3] Here, we show that chronic AICAR treatment effectively stimulates autophagy, increases the ability of muscle fiber mitochondria to resist PTP opening, and ameliorates histological features of muscular dystrophy, as well as muscle strength in the *mdx* diaphragm. These results support the concept that promoting the autophagic removal of defective mitochondria via AMPK stimulation could be a useful therapeutic strategy in DMD patients.

Materials and Methods

Animals and Cell Culture

Six-week-old male *mdx* mice (Jackson Laboratories, Bar Harbour, ME) received intraperitoneal injections of AICAR (Toronto Research Chemicals, Toronto, ON, Canada) at a daily dose of 500 mg/kg body weight (5 consecutive days per week) for 4 weeks.[16] Untreated littermate *mdx* mice were injected in the same manner with vehicle (0.9% NaCl);

wild-type (WT) (C57BL6) mice (Janvier SAS, Le Genest Saint Isle, France) did not receive any treatment. Primary myotube cultures from *mdx* mice were derived from single living myofibers, as described previously.[18] The investigation complied with the Guide for the Care and Use of Laboratory Animals (2011 edition).

Immunoblotting and Gene Expression Analysis

Immunoblotting was performed by standard methods using antibodies against phospho-AMPKα (Thr[172]), total AMPKα, phospho-ACC (Ser[79]), total ACC, LC3, Beclin-1, phospho-mTOR (Ser[2448]), total mTOR, phospho-raptor (Ser[792]), total raptor, phospho-p70S6K (Thr[389]), and total p70S6K from Cell Signaling Technology (Danvers, MA); Ulk1, Bnip3, β-actin, and tubulin from Sigma-Aldrich (St. Louis, MO); mitochondrial respiratory complex subunits (I-20 kDa; II-30 kDa; III-47 kDa; V-53 kDa) from MitoSciences (Eugene, OR); GAPDH from Abcam (Cambridge, UK); and utrophin, with a polyclonal antibody previously characterized by our laboratory.[19] Analysis and quantification (normalized in all cases to indicated loading control proteins) were performed with ImageJ software version 1.43u (NIH, Bethesda, MD). Real-time PCR to quantify mRNA levels was performed using Fast SYBR Green (Applied Biosystems) and the cycle threshold method.

Immunohistochemistry and Morphometry

Transverse cryosections stained by H&E were used for determination of fiber size and the percentage of centrally nucleated fibers, with a minimum of five cross sections per muscle, each containing an average of 100 fibers.[20] For determination of fiber types, adjacent sections were immunostained with anti-slow type 1 (M-8421; Sigma-Aldrich) and anti-fast type 2a (mAb SC-71; Santa Cruz Biotechnology, Santa Cruz, CA) antibodies. Electron microscopy was performed on muscle tissues as described previously.[20]

Mitochondrial Enzyme and Respiration Assays

Mitochondrial enzyme and respiration assays were performed as described previously.[21] Briefly, activities of citrate synthase and cytochrome c oxidase (COX) were determined spectrophotometrically using standard coupled enzyme assays. Mitochondrial respiration was analyzed in an oximeter equipped with a Clarke type of electrode. The chamber was filled with the following solution: 2.77 mmol/L CaK$_2$-EGTA, 7.23 mmol/L K$_2$-EGTA (100 nmol/L free Ca^{2+}), 6.56 mmol/L MgCl$_2$ (1 mmol/L free Mg^{2+}), 20 mmol/L taurine, 0.5 mmol/L dithiothreitol, 50 mmol/L potassium-methane sulfonate (160 mmol/L ionic strength), and 20 mmol/L imidazole (pH 7.1). After the baseline oxygen content in the chamber had been recorded, one bundle of 1 to 2 mg dry weight of saponin-permeabilized myofibers was placed into the chamber. Readings were taken of the rate of O$_2$ consumption per unit time, first basally in the presence of glutamate plus malate (10:5, mmol/L), and then after the addition of ADP (2 mmol/L). Respiration rates were measured at 23°C under continuous stirring. At the end of each test, fibers were carefully removed from the oxygraphic cell, blotted, and dried for determination of fiber weight. Rates of O_2 consumption were expressed in nmol O_2/minute per per milligram dry weight.

Mitochondrial H_2O_2 Release and Scavenging

Mitochondrial H_2O_2 dynamics were measured in dissected fiber bundles with the fluorescent probe Amplex Red (20 μmol/L; Invitrogen), as described previously.[21] After saponin permeabilization, the fibers were rinsed three times in the following buffer maintained at 4°C and at pH 7.3: 110 mmol/L K-2-(*N*-morpholino)ethanesulfonic acid, 35 mmol/L KCl, 1 mmol/L EGTA, 5 mmol/L K_2HPO_4, 3 mmol/L $MgCl_2 \cdot 6H_2O$, and 0.5 mg/mL BSA. Fiber bundles (0.3 to 1.0 mg dry weight) were then incubated in a quartz microcuvette with continuous magnetic stirring in the same buffer supplemented with 1.2 U/mL horseradish peroxidase at 37°C. Baseline fluorescence readings were taken in the absence of any exogenous respiratory substrates. The following additions were then made sequentially: 5 mmol/L succinate, 10 mmol/L ADP, and 8 μmol/L antimycin A. To determine H_2O_2 scavenging capacity, permeabilized fiber bundles were placed in the above buffer containing additionally 50 μmol/L pyruvate and 20 μmol/L malate in a thermally controlled chamber set at 37°C with continuous stirring. An aliquot of the buffer was removed immediately after adding 40 μmol/L of H_2O_2 and subsequently at 20, 40, and 60 seconds. H_2O_2 content in aliquots was determined immediately on a fluorescence plate reader in a buffer containing 10 μmol/L of Amplex Red and 0.5 U/mL horseradish peroxidase. The rate of H_2O_2 scavenging by mitochondria was determined as the difference between fluorescence levels obtained at time $t = 0$. Rates of H_2O_2 production and scavenging were calculated from standard curves established under corresponding experimental conditions. All measurements were performed at least in duplicate, and results were expressed in nmol H_2O_2 scavenged per minute per milligram dry weight.

Mitochondrial PTP Function

The PTP opening time and calcium retention capacity were determined by fluorimetrically monitoring changes in extramitochondrial calcium concentration, using the probe Calcium Green-5N (Invitrogen-Life Technologies, Carlsbad, CA), after exposing fibers to a single pulse of external calcium.[21,22] Ghost fibers were first prepared by incubating saponin-permeabilized bundles in a high-KCl medium, to extract myosin. The ghost fibers were then incubated at 23°C in a quartz microcuvette under continuous stirring in the following buffer: 250 mmol/L sucrose, 10 mmol/L 3-(*N*-morpholino)propanesulfonic acid, 0.005 mmol/L EGTA, and 10 mmol/L propidium iodide-Tris (pH 7.3), supplemented with glutamate plus malate (5:2.5, mmol/L) and 0.5 nmol/L oligomycin. After adding 20 nmol Ca^{2+} to the buffer, PTP opening time was taken as the time lapse between addition of the Ca^{2+} pulse and the time at which Ca^{2+} release was first noted to occur. Calcium re-

tention capacity was defined as the total amount of Ca^{2+} accumulated by mitochondria before Ca^{2+} release caused by PTP opening, expressed per milligram wet fiber weight. Ca^{2+} concentration in the cuvette was calculated from a standard curve relating $[Ca^{2+}]$ to the fluorescence of Calcium Green-5N.

Measurement of Skeletal Muscle Contractile Properties

Diaphragm strips were electrically stimulated to determine intrinsic contractile properties, as described previously.[23] After euthanasia, the diaphragm was surgically excised and immediately transferred to chilled Krebs solution perfused with 95% O_2:5% CO_2 (pH 7.4). From the central tendon to the rib, a 2-mm-wide muscle strip was dissected free and mounted between two electrodes within a jacketed tissue bath chamber filled with continuously perfused Krebs solution warmed to 25°C. A 4-0 silk thread was used to secure the central tendon to an isometric force transducer. After a 15-minute thermoequilibration period, muscle length was gradually adjusted to optimal length (L_o, the length at which maximal twitch force is obtained). The force-frequency relationship was determined by sequential supramaximal stimulation for 1 second over a range of stimulation frequencies (from 10 to 120 Hz), with 2 minutes between each stimulation train. Fatigue resistance was assessed by measuring the rate of loss of muscle force during repetitive stimulation at 30 Hz over a 10-minute period. At the end of the experiment, L_o was directly measured with a microcaliper and the muscle was blotted dry and weighed. Specific force (force/cross-sectional area) was calculated and expressed in newtons per square centimeter, assuming a muscle density of 1.056 g/cm^3.

Statistical Analysis

Data are expressed as means $\pm$ SEM. Statistical significance was defined as $P < 0.05$, using Student's unpaired *t*-test or analysis of variance (one- or two-way), followed by a Bonferroni selected-comparison test.

Results

Premature Mitochondrial PTP Opening and Energetic Deficiency in Dystrophic Muscle

Dystrophic diaphragms contained numerous fibers with morphologically abnormal mitochondria, characterized by a rounded swollen appearance and grossly disrupted internal structure (Figure 1A). To examine the ability to resist PTP opening, which is a critically important aspect of mitochondrial function, permeabilized fibers were exposed to an external calcium load. The mitochondria of *mdx* diaphragms underwent significantly earlier PTP opening than observed in WT controls (Figure 1B). In keeping with these morphological and functional signs of defective mitochondria,

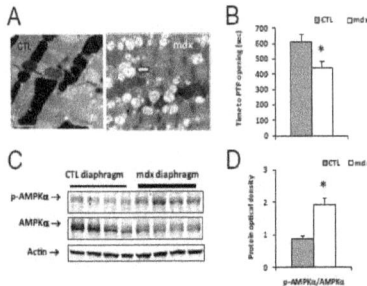

Figure 1. Defective mitochondria and premature PTP opening in *mdx* diaphragm fibers. A: Electron micrographs demonstrating differences in mitochondrial morphology between normal WT (CTL) and *mdx* diaphragms. Note numerous swollen mitochondria with abnormal cristae (**arrow**) in the *mdx* group. Scale bar = 1 μ. B: Time to mitochondrial permeability transition pore (PTP) opening after calcium challenge in *mdx* versus WT diaphragm fibers. C: Representative immunoblots showing baseline levels of phosphorylated and total forms of AMPK in WT and *mdx* diaphragms. D: Optical density quantification of p-AMPKα/total AMPKα protein levels (arbitrary units normalized to actin). Data are expressed as means ± SEM. *P < 0.05, n = 7 to 9 per group (B and D).

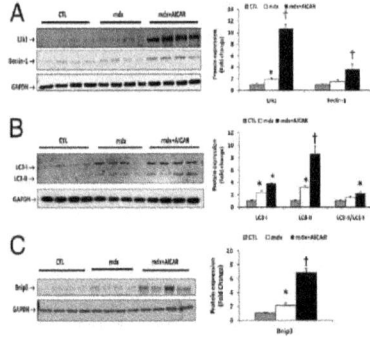

Figure 3. AICAR activates the autophagy pathway in *mdx* diaphragms. Representative immunoblots showing protein expression levels of Ulk1 and Beclin-1 (A), LC3-I and LC3-II (B), and Bnip3 (C) within the diaphragms of WT mice (CTL), untreated *mdx* mice, and AICAR-treated *mdx* mice. All quantifications of autophagy pathway proteins are normalized to GAPDH in terms of fold-change relative to WT mice. Data are expressed as means ± SEM. n = 4 to 6. *P < 0.05 versus wild type; †P < 0.05 versus *mdx*.

baseline levels of AMPK activation (phosphorylation) were also higher in *mdx* than in WT diaphragms (Figure 1, C and D), which is consistent with cellular sensing of

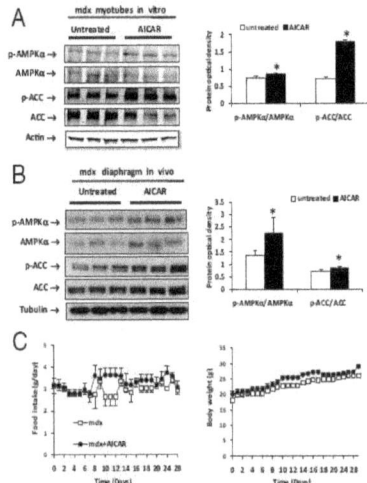

Figure 2. AICAR promotes AMPK activation in dystrophic muscles *in vitro* and *in vivo*. A and B: Phosphorylated and total forms of AMPK and acetyl CoA carboxylase (ACC) in primary myotube cultures derived from *mdx* mice, either without or with AICAR treatment (1 mmol/L for 24 hours) (A) and in dystrophic *mdx* diaphragms *in vivo*, either without or with AICAR treatment (500 mg/kg/day intraperitoneally for 48 hours) (B). Optical density quantification is in arbitrary units, normalized to actin or tubulin. C: Food intake and body weight of *mdx* mice during 4 weeks of receiving AICAR treatment or vehicle alone. Data are expressed as means ± SEM. n = 8 per group. *P < 0.05.

relative energetic deficiency within dystrophic myofibers.

AICAR Treatment Activates AMPK and ACC in Dystrophic Muscle

To determine whether short-term AICAR treatment could further boost AMPK activation in dystrophic muscle, we first examined AICAR effects on phosphorylation of AMPK and its downstream target, ACC (acetyl CoA carboxylase) in primary *mdx* myotubes. AICAR induced phosphorylation of the α-subunit of AMPK and to an even greater extent ACC *in vitro* (Figure 2A). As expected, AICAR also induced increased activation of AMPK *in vivo*, such that increased phosphorylation levels of both AMPK and ACC were observed in the diaphragms of *mdx* mice within 48 hours after AICAR treatment was initiated (Figure 2B). Food intake did not differ significantly between the untreated and AICAR-treated *mdx* groups for the study period as a whole, from 6 to 10 weeks of age, although it was briefly increased in the AICAR-treated group from days 10 to 12. Similarly, there were no significant differences in body weight between the untreated and AICAR-treated *mdx* mice over the total treatment period (Figure 2C).

AICAR Treatment Induces Autophagy and Improves Mitochondrial PTP Function

After 4 weeks of AICAR treatment *in vivo*, there was a major up-regulation of multiple components of the autophagy program in *mdx* diaphragms. This was reflected by increases in the mammalian Atg1 homolog, Ulk1 (an autophagy-initiating kinase that is directly activated by AMPK), as well as in Beclin-1, a component of the class III phosphoinositide 3-kinase complex involved in the initiation of autophago-

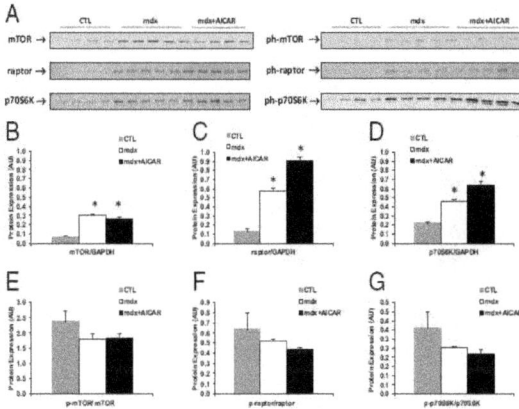

Figure 4. AICAR treatment does not alter mTORC1 activation in *mdx* diaphragms. Representative immunoblots (A) and quantification of protein levels for the total forms of mTOR (B), raptor (C), and p70S6K (D), as well as their relative phosphorylation levels (E–G), within the diaphragms of WT mice (CTL), untreated *mdx* mice, and AICAR-treated *mdx* mice. Optical density quantification is in arbitrary units, normalized to GAPDH in all cases. Data are expressed as means ± SEM. *n* = 4 or 5. *P < 0.05 versus wild type.

somes (Figure 3A). In addition, the AICAR-treated group demonstrated higher levels of LC3-II, the lipidated form of LC3 that is generated during the process of autophagosome formation, and in the ratio of LC3-II to LC3-I (Figure 3B). Bnip3, a mitochondria-associated protein that plays a crucial role in the autophagic removal mitochondria in skeletal muscle was also found to be significantly up-regulated in the diaphragms of AICAR-treated *mdx* mice (Figure 3C). The levels of Ulk1, LC3, and Bnip3 were all mildly increased above WT levels in untreated *mdx* mice, suggesting that a degree of autophagic induction occurs basally in *mdx* diaphragms, most likely as an adaptive response to the dystrophic disease process itself.

The mammalian target of rapamycin (mTOR) exists within two functional complexes, mTORC1 and mTORC2, with the former being directly regulated by cellular energy status.[24] To determine whether the stimulation of autophagy by AICAR was associated with mTORC1 modulation in *mdx* diaphragms, we measured total and phosphorylated protein levels of key mTORC1 members, mTOR and raptor, as well as p70S6K, the downstream target of activated mTOR (Figure 4A). Levels of total mTOR, raptor, and p70S6K were all increased above WT levels in the two groups of *mdx* mice (Figure 4, B–D). However, the phosphorylated forms of these proteins increased in a proportionate fashion, and the ratios of phosphorylated to total forms of these proteins did not differ significantly between the untreated and AICAR-treated *mdx* mice (Figure 4, E–G).

Given that autophagy is an important mechanism for eliminating damaged mitochondria, we next sought to determine whether AICAR treatment led to improved mitochondrial PTP function. In AICAR-treated *mdx* mice, electron microscopy suggested qualitative improvements in mitochondrial morphology (Figure 5A). Importantly, the abnormal susceptibility to PTP opening observed in *mdx* diaphragm fibers was reversed in AICAR-treated *mdx* mice (Figure 5B). There were no sta-

tistically significant differences in global calcium retention capacity of mitochondria between WT, *mdx*, and *mdx*+AICAR groups (1.17 ± 0.18, 1.37 ± 0.27, and 1.69 ± 0.28 nmol Ca^{2+} per milligram, respectively). Thus, the major findings are that the autophagic process in dystrophic muscles is greatly boosted by chronic administration of AICAR, and that this is associated with a significantly greater ability of mitochondria to resist calcium-induced membrane permeabilization.

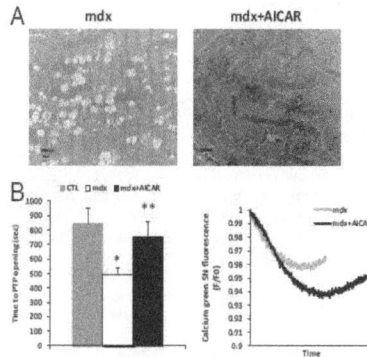

Figure 5. AICAR improves mitochondrial PTP function in *mdx* diaphragm fibers. A: Electron microscopic images of mitochondria in *mdx* and *mdx*+AICAR diaphragms. B: Effects of AICAR treatment on PTP opening time in *mdx* diaphragms (left) in WT mice (CTL), untreated *mdx* mice, and AICAR-treated *mdx* mice, as well as a representative tracing of mitochondrial calcium uptake and release within permeabilized fibers after calcium challenge (right). Data are expressed as means ± SEM. *n* = 7 to 10 per group. *P < 0.05 versus WT; **P < 0.05 versus *mdx*. Scale bar = 500 nm.

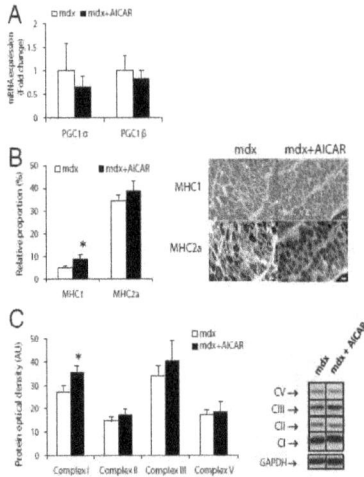

Figure 6. AICAR effects on oxidative fiber types and mitochondrial complexes. **A:** mRNA levels of transcription factor genes associated with mitochondrial biogenesis, reported in terms of fold change relative to untreated *mdx* diaphragms. Scale bars: 20 μ. **B:** Comparison of relative proportion of fiber types in the diaphragms of untreated *mdx* and AICAR-treated *mdx* mice; micrographs show serial transverse muscle sections (with same fibers indicated by small circle and square) immunostained for type 1 or type 2a myosin heavy chain (MHC) expression. **C:** Quantification of respiratory chain complexes in untreated *mdx* and AICAR-treated *mdx* mice, with immunoblotting for the same complexes (CI, CII, CIII, and CV). Protein and mtNA levels are normalized to housekeeping GAPDH. Data are expressed as means ± SEM. *n* = 6 to 10 per group. *P < 0.05.

Lack of AICAR Effects on Mitochondrial Biogenesis and Oxidative Functions

In addition to autophagy, improved mitochondrial PTP function after AICAR treatment could be the result of enhanced mitochondrial biogenesis and its accompanying antioxidant effects. Therefore, we evaluated whether AICAR reprogrammed the *mdx* diaphragm to a more oxidative phenotype. At 4 weeks after initiation of AICAR treatment, the mRNA levels for PGC-1-α and PGC-1-β, two transcription factors typically associated with activation of the mitochondrial biogenesis program, were unchanged compared with untreated mice (Figure 6A). In AICAR-treated *mdx* mice, there was a small increase in type 1 (slow oxidative) fibers, but without any alteration in type 2a (fast oxidative) fibers in the diaphragm (Figure 6B). Immunoblotting revealed increased mitochondrial complex I protein expression without changes in complexes II, III, or V (Figure 6C). Levels of the dystrophin homolog protein utrophin, which is up-regulated in *mdx* muscles and typically is expressed at higher levels in oxidative fibers,[25] were similarly unaltered by AICAR treatment in *mdx* diaphragms (see Supplemental Figure S1 at http://ajp.amjpathol.org).

The above findings suggesting minimal effects of chronic AICAR administration on the overall oxidative

capacity of *mdx* diaphragms were further examined at a functional level. Enzymatic activity levels of both mitochondrial citrate synthase and cytochrome c oxidase (COX) in the diaphragm were unaffected by AICAR administration (Figure 7A). In addition, basal (V_0) and maximal (V_{max}) rates of oxygen consumption by *mdx* diaphragm fibers were unchanged (Figure 7B). Antioxidant function was determined by measuring H_2O_2 fluxes from permeabilized fibers using Amplex Red. Neither the H_2O_2 scavenging capacity (Figure 7C) nor H_2O_2 release under conditions of altered substrate supply or of inhibition of the mitochondrial electron transport chain (Figure 7D) was affected by AICAR treatment. Overall, these findings indicate that improvements in mitochondrial PTP function in the *mdx* diaphragm after AICAR treatment were not linked to the development of a substantially more oxidative fiber type.

AICAR Treatment Improves Dystrophic Muscle Structure and Contractile Function

To establish whether autophagic induction and improved mitochondrial PTP function were associated with any amelioration of the muscular dystrophy phe-

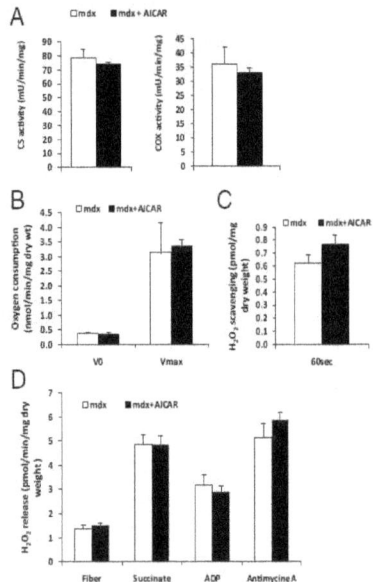

Figure 7. Lack of AICAR treatment effects on oxidative function. **A:** Citrate synthase (CS) and cytochrome c oxidase (COX) activity levels. **B:** Rate of O_2 consumption per unit of time, basally in the presence of glutamate plus malate (V_0) and after the addition of ADP (V_{max}). **C:** H_2O_2 scavenging as indicated by levels at 60 seconds after addition of H_2O_2 (40 μmol/L) to permeabilized fibers. **D:** Net rate of mitochondrial H_2O_2 release from permeabilized diaphragm fibers under basal conditions (Fiber) and after the addition of succinate, ADP, or antimycin A. Data are expressed as means ± SEM. *n* = 8 to 10 per group.

166

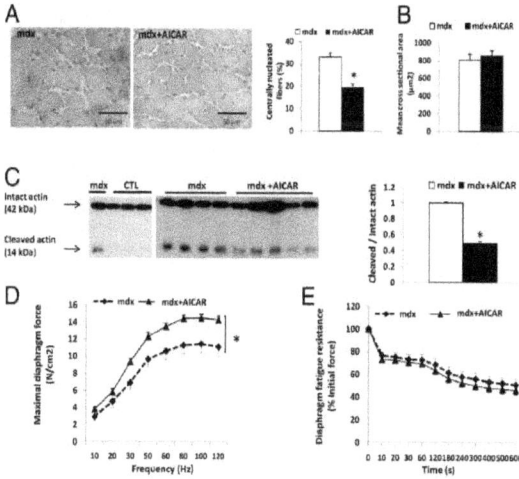

Figure 8. Beneficial effects of AICAR-treated relative to untreated *mdx* diaphragms. **A:** Representative H&E staining and percentages of diaphragm myofibers with centrally located nuclei. **B:** Mean cross-sectional area of diaphragm myofibers. **C:** Immunoblotting for actin, as well as the ratio between cleaved (14 kDa) and full-length forms of the protein, relative to untreated *mdx* diaphragms. **D:** Maximal force-generating capacity of the diaphragm *ex vivo* at different frequencies of electrical stimulation. **E:** Fatigue resistance of the diaphragm during repetitive electrical stimulation. Data are expressed as means ± SEM. *n* = 8 per group (B, D, and E); *n* = 5 per group (C). *P < 0.05. CTL, WT control. Scale bar = 50 μm.

notype in the diaphragm, we first performed histological analysis of untreated versus AICAR-treated *mdx* mice. Muscle fibers with centrally located nuclei are a hallmark of previously regenerated muscle, and their relative proportion is therefore considered reflective of prior episodes of muscle fiber necrosis in *mdx* mice.[26,27] In AICAR-treated *mdx* mice, the diaphragm showed a reduction in the percentage of centrally nucleated fibers (Figure 8A), consistent with a mitigation of prior necrosis. Moreover, despite the increased level of autophagy in the AICAR group, the mean cross-sectional area of individual diaphragmatic muscle fibers was unaffected (Figure 8B), indicating that chronic AICAR administration did not induce fiber atrophy. In keeping with the lack of atrophy, AICAR treatment also partially eliminated the pathological presence in *mdx* diaphragms of a 14-kDa actin cleavage product that has previously been shown to be a reliable biomarker of skeletal muscle wasting (Figure 8C).[28,29]

Finally, to determine effects on contractile function, we compared the force-generating capacities of untreated and AICAR-treated *mdx* diaphragm muscle strips electrically stimulated *ex vivo*. AICAR-treated *mdx* mice demonstrated significantly greater diaphragmatic force production over a broad range of stimulation frequencies (30 to 120 Hz) (Figure 8D). In this regard, the maximal tetanic force production by the diaphragm increased by a mean of 21% (P < 0.005) in AICAR-treated *mdx* mice. On the other hand, endurance properties (fatigue resistance) of the diaphragm were unaffected by AICAR treatment (Figure 8E), which is consistent with its lack of physiologically important effects on oxidative capacity.

Discussion

Skeletal muscles lacking dystrophin have a reduced capacity for oxidative phosphorylation, and the diminished energy-producing potential of dystrophic muscle has been characterized as a metabolic crisis.[5,6] The metabolic sensor AMPK plays a key role in orchestrating the adaptive changes, including autophagy, that permit the survival of cells faced with energetic stress.[8] Autophagy not only supplies substrates for cellular energy production, but also provides a mechanism for more efficient use of these substrates via the removal of dysfunctional mitochondria.[11,17] In the present study, we postulated that pharmacological activation of AMPK would promote this normal adaptive response and thus have beneficial effects on the physiological function of the *mdx* diaphragm. The diaphragm is the primary muscle of respiration, and its involvement by the disease in DMD is responsible for the majority of patient deaths. In addition, in the *mdx* mouse model the diaphragm is the most severely affected muscle and bears the greatest resemblance to the human DMD phenotype.[3]

Our investigation revealed several new findings. First, *mdx* mice show evidence for increased autophagy and augmented AMPK activation at baseline, which suggests an adaptive response to the presence of mitochondrial damage and energetic stress. Second, AICAR treatment led to a further major increase in activation of the autophagy pathway, as indicated by the characteristic biochemical changes of increased LC3-II content and up-regulation of other prototypical autophagy-associated proteins.[9] Third, in comparison with untreated *mdx* mice, the AICAR-treated group showed an improved ability to maintain mitochondrial integrity, as indicated by a greater resistance to PTP opening in the face of calcium over-load. Fourth, and most importantly, AICAR treatment of *mdx* mice for 4 weeks led to significant improvements in both muscle structure and maximum force-generating capacity of the *mdx* diaphragm.

Autophagy has been linked to situations associated with an inhibition of mTORC1 activation, such as nutrient deprivation, hypoxia, endoplasmic reticulum stress, and infections.[9,10] However, autophagy can also be triggered without the direct participation of mTORC1. For example, Beclin-1 can be activated by the stress-responsive c-Jun amino-terminal kinase 1 (JNK1) and death-associated protein kinase (DAPK) in an mTOR-independent fashion.[30,31] Acute AMPK stimulation by AICAR has been shown to initiate autophagy through complex interrelated mechanisms involving activation of the tuberous sclerosis complex (TSC), inhibition of mTORC1, phosphorylation of raptor, and activation of Ulk1.[17,32,33] In the present study, chronic AICAR administration induced autophagy in *mdx* diaphragms, but this was not associated with evidence of mTORC1 inhibition. Thus, the phosphorylation status (ie, the phosphorylated fraction) was unaltered not only for mTOR, but also for its partner raptor and the downstream target p70S6K. We therefore speculate that AICAR-induced autophagy in our model may have occurred, at least in part, through an mTOR-independent mechanism. This could potentially involve the direct phosphorylation of Ulk1 by AMPK, as recently described by different groups of investigators.[17,32,33] Rapamycin therapy from 6 to 12 weeks of age in *mdx* mice was recently reported to improve dystrophic histopathology in the diaphragm and tibialis anterior muscles, but once again with no consistent relationship to mTOR phosphorylation status.[34]

Whether autophagy is beneficial or harmful for skeletal muscle is dependent on its magnitude and on the specific context in which it occurs. Both excessive and inadequate autophagy can lead to muscle fiber atrophy in various disease states.[35] AICAR administration did not induce muscle fiber atrophy in the present study, suggesting that the autophagic process induced by AICAR was tightly regulated in its magnitude and/or was selective for dysfunctional cellular components. Although it may seem somewhat counterintuitive, previous work has shown that autophagy is actually required to maintain normal muscle mass.[36] Thus, autophagy-deficient knock-out mice exhibit fiber atrophy, as well as increases in abnormal mitochondria and apoptosis.[36,37] Along these same lines, muscular dystrophies linked to collagen VI deficiency have an autophagy defect leading to the accumulation of dysfunctional mitochondria and exaggerated apoptosis, which can be significantly ameliorated by the forced activation of autophagy.[12] At an appropriate level, therefore, autophagy and, more particularly, mitophagy appear to be important homeostatic mechanisms in skeletal muscle that are necessary for ensuring mitochondrial quality control through the removal of damaged or dysfunctional mitochondria, as well as for the maintenance of normal muscle mass.

In addition to their primordial role in cellular energy production, mitochondria act as a calcium sink that can buffer and locally modulate cytosolic calcium levels.[38]

When this mechanism is overwhelmed, however, mitochondrial calcium overload induces opening of the PTP.[38,39] In the present study, we evaluated sensitivity to calcium-induced PTP opening in a skinned myofiber preparation, thereby eliminating the potential for selection bias or experimentally induced damage associated with mitochondrial isolation procedures.[40] We found that mitochondria from *mdx* diaphragms exhibit premature PTP opening, compared with WT mice, when challenged with a calcium load. This is in keeping with the fact that damaged mitochondria, such as observed in *mdx* fibers, have a lower threshold for PTP opening. The pathological elevations of intracellular calcium and increased oxidative stress found in dystrophin-deficient muscles[4] are potent sensitizers of the PTP.[39] AICAR therapy improved the ability of *mdx* mitochondria to withstand an increased calcium load, as indicated by a normalization of the calcium exposure time needed to induce PTP opening under these conditions.

In AICAR-treated *mdx* mice, there was significant up-regulation of Ulk1, which, as noted above, has recently been identified as a direct target of AMPK that links cellular energy sensing to the process of mitophagy.[17] In addition, we observed increased expression of Bnip3, a mitochondrial BH3-only protein of the Bcl-2 family, which recruits the autophagy proteins LC3-II and Gabarap to mitochondria.[41] Bnip3 has also been strongly implicated in the process of mitophagy, and inhibition of Bnip3 impedes autophagosome formation in skeletal muscles.[42,43] Furthermore, Bnip3 is capable of stimulating mitophagy even without the requirement for mitochondrial membrane permeabilization.[44] Thus, the combined up-regulation of the mitophagy-associated proteins Ulk1 and Bnip3 in the AICAR-treated group, together with an improvement in mitochondrial PTP function, suggests that increased autophagy in treated *mdx* mice may have preferentially eliminated the mitochondrial population with a lower threshold for PTP opening.

In addition to stimulating mitophagy, AMPK activation by AICAR has the potential to induce mitochondrial biogenesis, which could also have beneficial effects on muscle function.[16] In this regard, forced expression of PGC-1-α has been shown to mitigate aging-associated muscle atrophy,[45] as well as muscle pathology in *mdx* mice.[7] The latter effect could be, at least in part, related to the fact that utrophin, a protein capable of functionally compensating for the absence of dystrophin, is expressed at higher levels in fibers with a greater oxidative capacity.[7] In the present study, however, there was no increase in utrophin protein within the diaphragms of AICAR-treated *mdx* mice. This is consistent with the absence of any detectable change in mitochondrial content (as reflected by citrate synthase) or functional indices of oxidative capacity (as determined by several complementary molecular and physiological assays, including direct measurements of fatigue resistance during repetitive muscle contractions induced by electrical stimulation). Our data are thus in keeping with prior observations that AICAR effects on mitochondrial biogenesis are minimal in muscles that are already highly oxidative,[16,46] such as the diaphragm. Accordingly, we conclude that the beneficial effects of AICAR treatment on the *mdx* diaphragm were not the result of increased mitochondrial biogenesis or other factors specifically linked to oxidative metabolism (although it has recently been reported that this could be an additional advantage of activating AMPK in more glycolytic *mdx* muscles[25]). Furthermore, we do not exclude the possibility that AICAR exerts other biological effects beyond autophagy that could be beneficial for dystrophic muscles (eg, altered glucose uptake), nor that the relative importance of these effects may also vary among different muscles.[25]

Given that many DMD patients ultimately die of respiratory muscle failure, the most clinically relevant finding of the present study is that AICAR administration improved *mdx* diaphragm force-generating capacity. There are several ways in which the autophagic removal of damaged mitochondria could account for this finding. Although we initially postulated that eliminating damaged mitochondria would reduce oxidative stress arising from dystrophic fibers, diminished reactive oxygen species production from mitochondria (as determined by direct H_2O_2 release measurements) could not be demonstrated in the AICAR-treated group. However, damaged mitochondria are also impaired in their ability to effectively buffer elevated cytosolic calcium levels, which has been implicated in numerous aspects of dystrophic pathophysiology.[4] This can include activation of calpains and other proteolytic enzymes,[23] as well as the triggering of proinflammatory pathways regulated by NF-κB.[47] In addition, mitochondrial membrane permeabilization leads to the release of several apoptosis and muscle injury-promoting factors.[14,15] By initiating disassembly of the sarcomeric apparatus, these factors play an important role in the early phases of muscle atrophy and in depressing specific force production even when atrophy is not yet present.[46] In this regard, we observed that levels of a 14-kDa actin cleavage product previously associated with caspase-3 activation in muscle-wasting conditions[28,29] was elevated in *mdx* but not in WT mice *in vivo*, and that the presence of this cleavage product was also significantly attenuated by AICAR treatment. Our results are thus compatible with previous studies showing that muscle fiber necrosis and wasting to be attenuated by interventions that inhibit or desensitize the PTP in dystrophic mice.[13,49]

In summary, treatment of *mdx* mice with the AMPK agonist AICAR significantly mitigated histological signs of pathology and improved contractile function of the diaphragm in the *mdx* mouse model of DMD. These beneficial effects were associated with induction of the autophagy program and evidence for improved mitochondrial integrity in dystrophic muscle fibers. Given the current availability of commonly used drugs (eg, metformin) that stimulate AMPK, our findings suggest that AMPK could represent a useful therapeutic target in DMD. Indeed, at a dose of metformin often prescribed for diabetes therapy (2 g/day), provided over 10 weeks, both AMPK activity and phospho-AMPK levels increased by approximately 80% over baseline levels in skeletal muscle of human subjects.[50] This is similar to the magnitude of increase in phospho-AMPK levels observed with AICAR treatment in the present study. We therefore propose that pharmacological stimulation of AMPK to enhance the autophagic removal of damaged cellular constituents, including mitochondria, is worthy of further clinical exploration as a therapy in DMD, and may also have broader applicability to other forms of skeletal muscle pathology.

Acknowledgments

We thank Johanne Bourdon and Christian Lemaire for expert technical assistance.

References

1. Koenig M, Hoffman EP, Bertelson CJ, Monaco AP, Feener C, Kunkel LM: Complete cloning of the Duchenne muscular dystrophy (DMD) cDNA and preliminary genomic organization of the DMD gene in normal and affected individuals. Cell 1987, 50:509–517

2. Tidball JG, Albrecht DE, Lokensgard BE, Spencer MJ: Apoptosis precedes necrosis of dystrophin-deficient muscle. J Cell Sci 1995, 108:2197–2204

3. Stedman HH, Sweeney HL, Shrager JB, Maguire HC, Panettieri RA, Petrof B, Narusawa M, Leferovich JM, Sladky JT, Kelly AM: The *mdx* mouse diaphragm reproduces the degenerative changes of Duchenne muscular dystrophy. Nature 1991, 352:536–539

4. Petrof BJ: Molecular pathophysiology of myofiber injury in deficiencies of the dystrophin-glycoprotein complex. Am J Phys Med Rehabil 2002, 81(11 Suppl):S162–S174

5. Kuznetsov AV, Winkler K, Wiedemann FR, von BP, Dietzmann K, Kunz WS: Impaired mitochondrial oxidative phosphorylation in skeletal muscle of the dystrophin-deficient mdx mouse. Mol Cell Biochem 1998, 183:87–96

6. Chen YW, Zhao P, Borup R, Hoffman EP: Expression profiling in the muscular dystrophies: identification of novel aspects of molecular pathophysiology. J Cell Biol 2000, 151:1321–1336

7. Handschin C, Kobayashi YM, Chin S, Seale P, Campbell KP, Spiegelman BM: PGC-1alpha regulates the neuromuscular junction program and ameliorates Duchenne muscular dystrophy. Genes Dev 2007, 21:770–783

8. Hardie DG: AMP-activated/SNF1 protein kinases: conserved guardians of cellular energy. Nat Rev Mol Cell Biol 2007, 8:774–785

9. Levine B, Kroemer G: Autophagy in the pathogenesis of disease. Cell 2008, 132:27–42

10. Mizushima N, Levine B, Cuervo AM, Klionsky DJ: Autophagy fights disease through cellular self-digestion. Nature 2008, 451:1069–1075

11. Youle RJ, Narendra DP: Mechanisms of mitophagy. Nat Rev Mol Cell Biol 2011, 12:9–14

12. Grumati P, Coletto L, Sabatelli P, Cescon M, Angelin A, Bertaggia E, Blaauw B, Urciuolo A, Tiepolo T, Merlini L, Maraldi NM, Bernardi P, Sandri M, Bonaldo P: Autophagy is defective in collagen VI muscular dystrophies, and its reactivation rescues myofiber degeneration. Nat Med 2010, 16:1313–1320

13. Palma E, Tiepolo T, Angelin A, Sabatelli P, Maraldi NM, Basso E, Forte MA, Bernardi P, Bonaldo P: Genetic ablation of cyclophilin D rescues mitochondrial defects and prevents muscle apoptosis in collagen VI myopathic mice. Hum Mol Genet 2009, 18:2024–2031

14. Marzetti E, Hwang JC, Lees HA, Wohlgemuth SE, Dupont-Versteegden EE, Carter CS, Bernabei R, Leeuwenburgh C: Mitochondrial death effectors: relevance to sarcopenia and disuse muscle atrophy. Biochim Biophys Acta 2010, 1800:235–244

15. Powers SK, Kavazis AN, McClung JM: Oxidative stress and disuse muscle atrophy. J Appl Physiol 2007, 102:2389–2397

16. Narkar VA, Downes M, Yu RT, Embler E, Wang YX, Banayo E, Mihaylova MM, Nelson MC, Zou Y, Juguilon H, Kang H, Shaw RJ, Evans RM: AMPK and PPARdelta agonists are exercise mimetics. Cell 2008, 134:405–415

17. Egan DF, Shackelford DB, Mihaylova MM, Gelino S, Kohnz RA, Mair W, Vasquez DS, Joshi A, Gwinn DM, Taylor R, Asara JM, Fitzpatrick J, Dillin A, Viollet B, Kundu M, Hansen M, Shaw RJ: Phosphorylation

of ULK1 (hATG1) by AMP-activated protein kinase connects energy sensing to mitophagy. Science 2011; 331:456–461

18. Demoule A, Divangahi M, Danialou G, Gvozdic D, Larkin G, Bao W, Petrof BJ: Expression and regulation of CC class chemokines in the dystrophic (mdx) diaphragm. Am J Respir Cell Mol Biol 2005; 33: 178–185

19. Chazalette D, Hnia K, Rivier F, Hugon G, Mornet D: alpha7B integrin changes in mdx mouse muscles after L-arginine administration. FEBS Lett 2005; 579:1079–1084

20. Jaber S, Petrof BJ, Jung B, Chanques G, Berthet JP, Rabuel C, Bouyabrine H, Courouble P, Koechlin-Ramonatxo C, Sebbane M, Similowski T, Scheuermann V, Mebazaa A, Capdevila X, Mornet D, Mercier J, Lacampagne A, Philips A, Matecki S: Rapidly progressive diaphragmatic weakness and injury during mechanical ventilation in humans. Am J Respir Crit Care Med 2011; 183:364–371

21. Daussin FN, Godin R, Ascah A, Deschênes S, Burelle Y: Cyclophilin-D is dispensable for atrophy and mitochondrial apoptotic signaling in denervated muscle. J Physiol 2011; 589:955–861

22. Ascah A, Khairallah M, Daussin F, Bourcier-Lucas C, Godin R, Allen BG, Petrof BJ, Des Rosiers C, Burelle Y: Stress-induced opening of the permeability transition pore in the dystrophin-deficient heart is attenuated by acute treatment with sildenafil. Am J Physiol Heart Circ Physiol 2011; 300:H144–H153

23. Bellinger AM, Reiken S, Carlson C, Mongillo M, Liu X, Rothman L, Matecki S, Lacampagne A, Marks AR: Hypernitrosylated ryanodine receptor calcium release channels are leaky in dystrophic muscle. Nat Med 2009; 15:325–330

24. Inoki K, Kim J, Guan KL: AMPK and mTOR in cellular energy homeostasis and drug targets. Annu Rev Pharmacol Toxicol 2012; 52:381–400

25. Ljubicic V, Miura P, Burt M, Boudreault L, Khogali S, Lunde JA, Renaud JM, Jasmin BJ: Chronic AMPK activation evokes the slow, oxidative myogenic program and triggers beneficial adaptations in mdx mouse skeletal muscle. Hum Mol Genet 2011; 20:3478–3493

26. Karpati G, Carpenter S, Prescott S: Small-caliber skeletal muscle fibers do not suffer necrosis in mdx mouse dystrophy. Muscle Nerve 1988; 11:795–803

27. Yang L, Lochmüller H, Luo J, Massie B, Nalbantoglu J, Karpati G, Petrof BJ: Adenovirus-mediated dystrophin minigene transfer improves muscle strength in adult dystrophic (mdx) mice. Gene Ther 1998; 5:369–379

28. Du J, Wang X, Miereles C, Bailey JL, Debigare R, Zheng B, Price SR, Mitch WE: Activation of caspase-3 is an initial step triggering accelerated muscle proteolysis in catabolic conditions. J Clin Invest 2004; 113:115–123

29. Workeneh BT, Rondon-Berrios H, Zhang L, Hu Z, Ayehu G, Ferrando A, Kopple JD, Wang H, Storer T, Fournier M, Lee SW, Du J, Mitch WE: Development of a diagnostic method for detecting increased muscle protein degradation in patients with catabolic conditions. J Am Soc Nephrol 2006; 17:3233–3239

30. Wei Y, Pattingre S, Sinha S, Bassik M, Levine B: JNK1-mediated phosphorylation of Bcl-2 regulates starvation-induced autophagy. Mol Cell 2008; 30:678–688

31. Zalckvar E, Berissi H, Mizrachy L, Idelchuk Y, Koren I, Eisenstein M, Sabanay H, Pinkas-Kramarski R, Kimchi A: DAP-kinase-mediated phosphorylation on the BH3 domain of beclin 1 promotes dissociation of beclin 1 from Bcl-XL and induction of autophagy. EMBO Rep 2009; 10:285–292

32. Lee JW, Park S, Takahashi Y, Wang HG: The association of AMPK with ULK1 regulates autophagy. PLoS One 2010; 5:e15394

33. Kim J, Kundu M, Viollet B, Guan KL: AMPK and mTOR regulate autophagy through direct phosphorylation of Ulk1. Nat Cell Biol 2011; 13:132–141

34. Eghtesad S, Jhunjhunwala S, Little SR, Clemens PR: Rapamycin ameliorates dystrophic phenotype in mdx mouse skeletal muscle. Mol Med 2011; 17:917–924

35. Sandri M: Autophagy in skeletal muscle. FEBS Lett 2010; 584:1411–1416

36. Masiero E, Agatea L, Mammucari C, Blaauw B, Loro E, Komatsu M, Metzger D, Reggiani C, Schiaffino S, Sandri M: Autophagy is required to maintain muscle mass. Cell Metab 2009; 10:507–515

37. Raben N, Hill V, Shea L, Takikita S, Baum R, Mizushima N, Ralston E, Plotz P: Suppression of autophagy in skeletal muscle uncovers the accumulation of ubiquitinated proteins and their potential role in muscle damage in Pompe disease. Hum Mol Genet 2008; 17:3897–3908

38. Gunter TE, Sheu SS: Characteristics and possible functions of mitochondrial Ca(2+) transport mechanisms. Biochim Biophys Acta 2009; 1787:1291–1308

39. Rasola A, Bernardi P: Mitochondrial permeability transition in Ca(2+)-dependent apoptosis and necrosis. Cell Calcium 2011; 50:222–233

40. Picard M, Ritchie D, Wright KJ, Romestaing C, Thomas MM, Rowan SL, Taivassalo T, Hepple RT: Mitochondrial functional impairment with aging is exaggerated in isolated mitochondria compared to permeabilized myofibers. Aging Cell 2010; 9:1032–1046

41. Novak I, Kirkin V, McEwan DG, Zhang J, Wild P, Rozenknop A, Rogov V, Löhr F, Popovic D, Occhipinti A, Reichert AS, Terzic J, Dötsch V, Ney PA, Dikic I: Nix is a selective autophagy receptor for mitochondrial clearance. EMBO Rep 2010; 11:45–51

42. Hamacher-Brady A, Brady NR, Logue SE, Sayen MR, Jinno M, Kirshenbaum LA, Gottlieb RA, Gustafsson AB: Response to myocardial ischemia/reperfusion injury involves Bnip3 and autophagy. Cell Death Differ 2007; 14:146–157

43. Mammucari C, Milan G, Romanello V, Masiero E, Rudolf R, Del PP, Burden SJ, Di LR, Sandri C, Zhao J, Goldberg AL, Schiaffino S, Sandri M: FoxO3 controls autophagy in skeletal muscle in vivo. Cell Metab 2007; 6:458–471

44. Quinsay MN, Thomas RL, Lee Y, Gustafsson AB: Bnip3-mediated mitochondrial autophagy is independent of the mitochondrial permeability transition pore. Autophagy 2010; 6:855–862

45. Wenz T, Rossi SG, Rotundo RL, Spiegelman BM, Moraes CT: Increased muscle PGC-1alpha expression protects from sarcopenia and metabolic disease during aging. Proc Natl Acad Sci USA 2009; 106:20405–20410

46. Leick L, Fentz J, Bienso RS, Knudsen JG, Jeppesen J, Kiens B, Wojtaszewski JF, Pilegaard H: PGC-1[alpha] is required for AICAR-induced expression of GLUT4 and mitochondrial proteins in mouse skeletal muscle. Am J Physiol Endocrinol Metab 2010; 299:E456–E465

47. Acharyya S, Villalta SA, Bakkar N, Bupha-Intr T, Janssen PM, Carathers M, Li ZW, Beg AA, Ghosh S, Sahenk Z, Weinstein M, Gardner KL, Rafael-Fortney JA, Karin M, Tidball JG, Baldwin AS, Guttridge DC: Interplay of IKK/NF-kappaB signaling in macrophages and myofibers promotes muscle degeneration in Duchenne muscular dystrophy. J Clin Invest 2007; 117:889–901

48. Supinski GS, Callahan LA: Caspase activation contributes to endotoxin-induced diaphragm weakness. J Appl Physiol 2006; 100:1770–1777

49. Reutenauer J, Dorchies OM, Patthey-Vuadens O, Vuagniaux G, Ruegg UT: Investigation of Debio 025, a cyclophilin inhibitor, in the dystrophic mdx mouse, a model for Duchenne muscular dystrophy. Br J Pharmacol 2008; 155:574–584

50. Musi N, Hirshman MF, Nygren J, Svanfeldt M, Bavenholm P, Rooyackers O, Zhou G, Williamson JM, Ljunqvist O, Efendic S, Moller DE, Thorell A, Goodyear LJ: Metformin increases AMP-activated protein kinase activity in skeletal muscle of subjects with type 2 diabetes. Diabetes 2002; 51:2074–2081

3. Myopathie de Duchenne et Stress du RE

3.1. Introduction

Après avoir étudié la fonction mitochondriale associée à l'autophagie chez la souris mdx dans la précédente étude, le premier objectif de cette troisième étude était d'évaluer l'effet d'un stress du RE dans le muscle squelettique sain, sur l'homéostasie calcique via les liens RS-mitochondrie et ses conséquences sur la régulation des différentes voies de mort cellulaire. Le deuxième objectif était d'évaluer si ce stress du RE existe à l'état basal dans le modèle animal physiopathologique de la DMD, et si la modulation via l'activation ou l'inhibition de ce stress du RE peut être une nouvelle stratégie thérapeutique.

Le RE est à la base l'organelle responsable du repliement, de la maturation et du contrôle qualité des protéines. Tous les évènements qui perturbent la capacité de repliement au niveau du RE, comme un excès de synthèse protéique, un stress oxydant engendrant des modifications post-traductionnelles des protéines, une altération de la disponibilité énergétique et/ou une altération de l'homéostasie calcique de son lumen, induisent un stress du RE se traduisant par une réponse physiologique nommée unfolded protein response (UPR). L'activation de la voie UPR est un phénomène adaptatif qui vise à répondre au stress en augmentant les capacités de fonctionnement du RE: elle déclenche une augmentation de la capacité de repliement du RE via une induction de la transcription de protéines chaperonnes localisées dans le RE et une diminution générale du stress via une inhibition globale de la synthèse protéique (pour revue, Schröder and Kaufman, 2005). Lorsque la réponse UPR est insuffisante pour lutter contre le stress, la cellule active différentes voies de mort cellulaire que sont l'apoptose ou l'autophagie en fonction du degré d'atteinte de ce stress, pouvant aller jusqu'à la nécrose cellulaire (pour revue, Szegezdi et al., 2006). La cellule musculaire contient un réseau extrêmement étendu de RE spécifique, le réticulum sarcoplasmique (RS). Le RS joue un rôle fondamental dans le mécanisme de couplage excitation-contraction (E-C) au niveau musculaire en ayant un rôle central dans l'homéostasie calcique et contrôle le stock de calcium intracellulaire (stockage, libération et recapture du calcium) nécessaire à la contraction puis à la relaxation de la fibre musculaire. Etant donné l'importance de maintenir une concentration optimale de calcium dans la lumière du RS dans le but de réguler le relargage de calcium nécessaire à la contraction musculaire, toute perturbation dans le fonctionnement du RS peut altérer la contraction musculaire.

Le RE est un des acteurs émergents dans la compréhension des bases pathogéniques des maladies métaboliques (Hotamisligil, 2010; Muller et al., 2011a). En effet, le stress du RE, engendrant la réponse UPR, a beaucoup été étudié dans le pancréas, le foie et le tissu adipeux et endothélial, et ainsi mis en relation avec la physiopathologie de l'obésité, du diabète, de la résistance à l'insuline et l'athérosclérose (Muller et al., 2011b; Ozcan et al., 2004; Scheuner et al., 2001). Cependant, bien que le muscle soit responsable en grande partie de l'utilisation du glucose, et donc impliqué dans ces pathologies métaboliques où le stress du RE est mis en cause, ce dernier a été très peu étudié dans le muscle squelettique. En effet, quelques études ont observé un stress du RE dans des myopathies, comme la dystrophie myotonique de type I (Ikezoe et al., 2007) ou dans la myosite inflammatoire à inclusion sporadique (Vitadello et al., 2010). Ces muscles dystrophiques présentent une augmentation des protéines chaperonnes comme la GRP74 ou la calreticulin, impliquées dans la rétention de protéines dénaturées dans le RE et la régénération musculaire.

L'interaction RS-mitochondrie a été récemment mise en évidence par la visualisation de microdomaines où le RS et les mitochondries sont en contact étroit via des complexes multiprotéiques, les MAMs (mitochondria-associated membrane), étroitement impliquées dans le métabolisme énergétique et l'homéostasie calcique (Csordás et al., 2010; Pinton et al., 2008) et décrites dans la revue de littérature de cette thèse (cf Partie 2.3). Le relargage du Ca^{2+} impliqué dans cette communication est effectuée *via* des canaux calciques du RS: le récepteur de la ryanodine (RYR), le récepteur de l'inositol 1, 4, 5-triphosphate (IP3R) et la pompe sarcoplasmic/endoplasmic reticulum Ca^{2+}ATPase (SERCA) (Clapham, 2007; Hajnóczky et al., 2000a, 2000b, 2000c). Une transmission efficace de Ca^{2+} du RS vers la mitochondrie est maintenue grâce à l'interaction du canal anionique voltage dépendant VDAC à la membrane externe de la mitochondrie, avec IP3R sur le RS, via la protéine chaperonne GRP75 (Szabadkai et al., 2006). La perte du lien entre ce complexe IP3R-GRP75-VDAC, observé lors d'un stress du RE, est associée à une diminution des échanges calciques entre RS et mitochondrie, à la base d'une rupture de l'homéostasie calcique (de Brito and Scorrano, 2008; Simmen et al., 2005). A l'heure actuelle, peu d'études ont été réalisées sur le stress du RE dans le muscle squelettique et son implication dans des mécanismes physiopathologiques de mort cellulaire. De plus, les liens entre le RE et le RS ne sont pas totalement compris. Etant donné l'importance de l'homéostasie calcique dans la contraction musculaire, et l'importance des relations RS-mitochondrie dans ce maintien, ce travail s'est attaché à identifier dans le muscle squelettique, les conséquences d'un stress du RE sur les liens entre mitochondries et

RS et leurs répercussions sur l'homéostasie calcique cellulaire, à la fois dans des conditions normales et pathologiques.

Nous avons donc étudié dans un premier temps l'effet d'un stress du RE aigu, induit par la tunicamycine (agent induisant un stress du RE, inhibiteur de la N-glycosylation), chez la souris Wild-Type. Dans un deuxième temps nous avons évalué chez la souris mdx, modèle murin de la dystrophie de Duchenne, la présence d'un stress du RE à l'état basal et les conséquences d'une modulation de celui-ci par des activateurs et des inhibiteurs pharmacologiques. Nous avons réalisé nos expérimentations dans le diaphragme, muscle représentant le mieux chez la souris mdx la physiopathologie de l'homme atteint de DMD. Concernant les expérimentations sur fibres isolées, nous avons utilisé du muscle squelettique périphérique (FDB) en raison de l'extrême difficulté à travailler sur fibre musculaire isolée du diaphragme (technique que j'essaye de mettre au point dans le laboratoire).

Ainsi le but général de cette étude a été d'identifier une cible thérapeutique centrée sur la modulation du stress du RE dans un modèle animal de DMD qu'est la souris mdx.

3.2.Méthodologie

Pour induire une modulation du stress du RE, nous avons utilisé à la fois une méthode *in vivo* sur la souris par l'intermédiaire d'injection intrapéritonéale et *in vitro* sur fibres isolées avec exposition directe du produit pharmacologique utilisé *in vivo*, afin de s'affranchir des effets systémiques du traitement

Dans l'expérimentation *in vivo*, des souris de dix semaines, WT (C57BL6) ou mdx ont reçu des injections intrapéritonéales (ip) de TN (tunicamycine, 500mg/kg) (Galán et al., 2012), ou d'une solution saline, puis ont été sacrifiées à différent temps (après 8h ou 20h d'injection). Afin d'inhiber chroniquement le stress du RE, un autre groupe de souris a été traité par injection intraperitoneal (ip) de TUDCA (tauro-ursodeoxycholic acid, 500mg/kg, Calbiochem) ou également avec une solution saline, 5 jours/7 pendant 4 semaines (Rieusset et al., 2012). Lors du sacrifice, des mesures de propriétés contractiles ont été réalisées sur les muscles frais du diaphragme et de l'EDL (méthodologie n°2). Le muscle FDB a été utilisé pour isoler des fibres musculaires (méthodologie n°10). Une fois disséquées et dissociées, les fibres de FDB ont été mises en culture afin de réaliser des mesures de transitoires calciques et d'explorer le comportement des récepteurs calciques (RyR, IP3R) par imagerie confocale (**méthodologie n°11**). Par des analyses biochimiques et d'immunofluorescence, nous avons étudié les interactions entre RE-RS et mitochondrie (**méthodologie n°12**). Les muscles TA (Tibialis Anterieur), Gastrocnémiens et le reste de diaphragme ont été congelés dans l'azote liquide et conservés à -80°C pour les analyses d'expression d'ARNm ou de protéines (**méthodologie n°13**) impliquées dans le stress du RE et la voie UPR.

Dans l'expérimentation *in vitro*, des fibres de FDB de souris CTL ou mdx ont été dissociées et incubées dans des labtek avec de la TN durant 8h ou 20h (0.1µg/ml). Les fibres ont ensuite été rincées puis étudiées de manière similaire au traitement *in vivo*.

3.3.Résultats

La tunicamycine (TN) induit un stress du RE dans du muscle sain. Après 8h d'injection de TN, les souris sont sacrifiées, les muscles sont prélevés. Les souris traitées présentent une stéatose hépatique avec un foie particulièrement jaune, indiquant que l'injection a été efficace. Un stress du RE est observé chez les souris WT après 8h d'injection de TN. En effet, les mesures par WB des marqueurs du stress du RE indiquent une élévation de la quantité protéique de GRP78, IRE1a et d'Eif2α et sa phosphorylation dans le diaphragme.

Impact du stress du RE sur les relations RS-mitochondrie chez la souris WT. Afin d'étudier les liens entre RS et mitochondrie, nous avons étudié le complexe IP3R1-GRP75-VDAC. Dans du diaphragme de souris CTL non traitées ou traitées à la TN *in vivo*, IP3R1 a été immunoprécipité et ces relations avec la protéine chaperonne GRP75 ont été étudiées. Une diminution de l'association de GRP75 et d'IP3R1 est mise en évidence. Des expérimentations d'interaction *in situ* par le système duolink ont été réalisées sur des fibres isolées de FDB. Le traitement TN *in vitro* diminue les interactions IP3R1-GRP75 et IP3R1-VDAC, témoignant d'une diminution des ponts RS-mitochondrie et d'une perturbation des flux entre les 2 organites. Par la suite, nous souhaiterions quantifier les MAMs selon la méthode de Wieckowski, sur du diaphragme de souris (Wieckowski et al., 2009).

Effet du stress du RE sur l'homéostasie calcique chez la souris WT. Afin de déterminer l'impact d'un stress du RE sur l'homéostasie calcique, nous avons étudié les répercussions sur les canaux du RS responsable du relargage du calcium dans le cytosol, les récepteurs à la Ryanodine, RyR1. Afin de déterminer si un stress du RE altère ces canaux RyRs, des analyses des modifications post-traductionnelles ont été réalisées. Des mesures d'immunoprécipitation ont été également réalisées sur le diaphragme de souris CTL et traitées au TN. Les résultats montrent une diminution de la carboxylation du RyR1 suite à la TN, accompagnée d'une augmentation de l'association du stabilisateur FKBP12 sur le RyR1. La charge calcique du RS a été évaluée en dépletant le RS suite à l'induction d'un pulse caféinique permettant l'ouverture des canaux RyRs. La charge calcique des souris traitées à la TN *in vivo*, suite à la caféine ne diffère pas de celle des souris CTL. En revanche, les fibres traitées *in vitro* présentent une augmentation marquée de la charge du RS induite par la caféine. Le calcium cytosolique a été étudié par imagerie confocale. Afin de déterminer l'impact d'un stress du RE sur les flux calcique, les fibres de FDB de ces souris ont été isolées puis chargées avec un indicateur calcique cytosolique, le FLUO-4-AM. Après la charge, les fibres ont été stimulées électriquement à différentes fréquences (1, 10, 30, 100 et 300 Hz). Une augmentation du pic des transitoires calciques à haute fréquence a pu être observé dans le groupe traité *in vivo* (CTL TN8h) comparé au groupe contrôle (CTL). Aucune différence n'est mise en évidence concernant le temps de recaptage du calcium par le RS, comme en témoigne la constante Tau.

De manière similaire, des fibres de FDB de souris CTL ont été traitées à la TN *in vitro*. Après 8h d'incubation dans la tunicamycine, les fibres ont été stimulées électriquement. Dans les fibres traitées, l'amplitude maximale des transitoires calciques cytoplasmique suite à une stimulation électrique augmente à toutes les fréquences de manière significative. Le recaptage du calcium, reflétant l'activité des pompes SERCA, est également ralentit suite au traitement à la TN, comme en témoigne la constante de temps Tau. Cependant, après une incubation de TN prolongée (20h), les effets sur les transitoires calciques disparaissent entre les fibres CTL et traitées à la TN. Par conséquent, l'induction d'un stress du RE induit une élévation de la libération de calcium dans le réticulum. Afin de compléter cette étude, nous souhaitons réaliser ces mêmes expériences d'imagerie confocale avec le calcium mitochondrial afin de connaître la charge calcique mitochondriale. Ceci sera réalisé avec l'indicateur calcique mitochondrial Rhod-2. Nous stimulerons les fibres avec de l'histamine, activateur des récepteurs à l'IP3, afin d'étudier les flux calciques RS-mitochondrie.

Effet du stress du RE sur la contractilité musculaire et les voies de mort cellulaire. Afin d'étudier les répercussions sur la fonction contractile du muscle entier, des mesures de propriétés contractiles *ex vivo* ont été réalisées sur le diaphragme et un muscle périphérique, l'EDL. Au niveau du diaphragme, aucune différence n'est observée pour la force maximale et l'endurance. Au niveau de l'EDL, le traitement à la TN *in vivo* diminue la force maximale sans impacter la résistance à la fatigue. De plus, l'activation du stress du RE est associée à l'activation de la voie apoptotique dépendante du calcium. Une augmentation du clivage de la calpaine 1 est retrouvée. Aussi, une activation de l'autophagie est observé, avec une augmentation de l'expression protéique des marqueurs Beclin1 et LC3-II.

Le muscle squelettique de souris mdx présente un stress du RE à l'état basal. Dans la deuxième partie de cette étude, l'évolution du stress du RE avec l'âge chez la souris mdx, a été évaluée en comparant des souris âgées de 4, 10 et 26 semaines.

Quelque soit l'âge, la souris mdx présente une augmentation de la protéine chaperonne GRP78. A 4 et 10 semaines, nous observons une augmentation d'IRE1α et à 26 semaines une augmentation du ratio ph Eif2α / Eif2α Total. L'impact de l'âge est différent entre la souris mdx et la souris CTL concernant ces marqueurs. En effet, l'expression protéique de la protéine chaperonne GRP78 et du ratio ph Eif2α / Eif2α Total ont tendance à diminuer chez la souris CTL. Ces résultats sont en faveur de la présence d'un stress du RE chez la souris mdx. Nous avons également observé une évolution différente concernant l'expression protéique d'IP3R1. L'analyse de variance de ces résultats révèle une interaction significative entre l'effet groupe et l'effet âge, permettant de dire qu'il existe une tendance à l'augmentation d'IP3R1 chez la souris mdx, alors qu'il diminue chez les souris CTL.

Impact du stress du RE basal du muscle dystrophique sur les relations RS-mitochondrie

Le complexe IP3R1-GRP75-VDAC a été étudié par immunoprécipitation d'IP3R1. Les résultats montrent une diminution de l'association de VDAC-IP3R1 chez la souris mdx comparée à la souris CTL. Ceci est en faveur d'une diminution des ponts entre mitochondrie et RS, et donc d'une perturbation des flux calciques entre les deux compartiments. Nous souhaitons par la suite réaliser une quantification des protéines MAMs ainsi que des expérimentations *in situ* afin de préciser ces relations RS-mitochondrie.

Le stress du RE est associé à des perturbations de l'homéostasie calcique chez la souris mdx. Afin d'explorer plus en détail l'homéostasie calcique, nous avons analysé les modifications post-traductionnelles du RyR1. Le diaphragme de souris mdx présente des perturbations du canal

RyR1, avec une diminution de l'association de sa protéine stabilisatrice FKBP12, comme cela a déjà été montré dans le cœur et le TA (Bellinger et al., 2009; Fauconnier et al., 2010) et une augmentation de la nitrosylation et carboxylation de RyR1. Ceci augmente la probabilité d'ouverture du canal, diminuant ainsi le gradient de concentration en calcium entre le RS et le cytosol, avec un impact sur l'homéostasie calcique. Nous avons donc ensuite étudié, par imagerie calcique au microscope confocal, les flux calciques sur des fibres de FDB isolées de souris CTL et mdx de 10 semaines. La charge du RS, évaluée par le calcium cytosolique suite à un pulse de caféine, est augmentée de 3,6 fois chez la souris mdx comparée à la souris CTL. Cette augmentation de la charge calcique dans la fibre musculaire déficiente en dystrophine a déjà été décrite et précisée dans la revue de la littérature (Robert et al., 2001; Robin et al., 2012). De plus, suite à des stimulations électriques, bien qu'il y ait une tendance, les transitoires calciques cytosoliques maximum des fibres musculaires mdx ne sont pas significativement diminués par rapport aux fibres CTL, alors que le temps de recaptage du calcium par les fibres est diminué par rapport aux fibres CTL, favorisant une concentration en calcium cytosolique élevée.

La stimulation d'un stress du RE basal du muscle dystrophique induit par une injection de TN ne s'accompagne pas d'une augmentation de l'UPR. Nous nous sommes ensuite intéressés à la réponse du tissu mdx à un stress du RE induit par une injection de TN. Chez la souris mdx, une injection de TN n'augmente pas les marqueurs du stress du RE, GRP78, IREα, Eif2α et ph Eif2α, déjà augmentés à l'état basal par rapport à la souris CTL. Nous avons également étudié la biochimie d'IP3R, aucune modification des liens IP3R-GRP75 n'est mise en évidence après TN.

Impact du stress du RE induit par la TN sur l'homéostasie calcique chez la souris mdx. Les mesures d'immunoprécipitation révèlent une augmentation de l'association de RyR1 avec son stabilisateur FKBP, ainsi qu'une diminution de la nitrosylation et la carboxylation du RyR1, chez la mdx traitée TN comparée à la mdx non traitée. De plus, la charge calcique cytosolique induite par la caféine diminue chez la souris mdx traitée à la TN. De manière similaire, l'injection de TN ne modifie pas l'amplitude maximale des transitoires calciques, suite à des stimulations électriques, des fibres de souris mdx traitée *in vivo*. Cependant, *in vitro*, la TN augmente de manière significative l'amplitude maximum des transitoires calciques cytosoliques, quelque soit la fréquence de stimulation (1, 10, 30, 100 et 300Hz). Ce résultat soulève la question de savoir s'il s'agit d'un effet direct de la TN ou d'une augmentation d'un stress du RE. Ainsi il sera nécessaire d'évaluer l'effet d'une exposition aigue de TN sur des fibres musculaires isolées pour déterminer la présence ou non d'un effet spécifique de la molécule elle-même sur le RyR. La vitesse de recaptage du calcium est restée par contre inchangée *in vivo* et *in vitro*.

Impact de la TN sur la contractilité musculaire et les voies de mort cellulaire chez la souris mdx. Au niveau de la contractilité *ex vivo* sur strip de diaphragme, la TN diminue la force maximale diaphragmatique mais n'a aucun impact sur la résistance à la fatigue. D'autre part, le marqueur apoptotique calpaine 1 et les marqueurs de l'autophagie Beclin et LC3-II ne sont pas modifiés par le traitement TN chez la souris mdx. Les voies d'activation de l'apoptose intrinsèque ainsi que la dégradation des myofilaments devront être évalués pour rendre compte de cette diminution de la fonction contractile.

Effet de l'inhibition d'un stress du RE en chronique chez la mdx. Afin d'étudier si le stress du RE retrouvé chez la souris mdx est délétère pour la physiopathologie dystrophique, nous avons réalisé un traitement pharmacologique de 4 semaines par injection intrapéritonéale de TUDCA, un dérivé d'acide biliaire induisant une inhibition du stress du RE. Dans cette étude, nous souhaitons analyser l'effet du TUDCA sur le stress du RE, les liens RS-mitochondrie, l'homéostasie calcique et les effets sur le phénotype dystrophique. Nous avons prélevé et congelé les muscles afin de réaliser des analyses ultérieures. En effet, des expérimentations de western blots vont être réalisées sur le diaphragme afin de déterminer si le traitement au TUDCA inhibe le stress du RE et la réponse UPR. Les marqueurs IRE1a, GRP78, eif2a seront analysés. Concernant l'homéostasie calcique, le traitement chronique de 4 semaines améliore les transitoires calciques maximums induits par stimulation électrique (Fig. 10A). La charge calcique du RS, évaluée par un pulse caféinique a tendance à diminuer suite au traitement. D'autre part, le traitement au TUDCA améliore la force maximale diaphragmatique chez la souris mdx sans modifier la résistance à la fatigue. Ainsi, nous souhaitons évaluer si ce traitement en inhibant le stress du RE augmente les liens structurels entre la RS et mitochondrie et améliore les flux calciques.

3.4. Discussion-Conclusion

L'objectif de ce travail était d'étudier l'impact d'un stress du RE sur les relations RS-mitochondrie, l'homéostasie calcique et la fonction musculaire, dans la fibre musculaire saine, et d'évaluer l'intérêt thérapeutique d'une modulation de ce stress dans la fibre musculaire pathologique, déficiente en dystrophine.

Les résultats montrent chez la souris CTL qu'un stress du RE aigu, induit par une injection unique de TN, augmente la réponse UPR, diminue les ponts RS-mitochondrie, et modifie l'homéostasie calcique dans la fibre musculaire isolée, engendrant une activation des voies de mort et survie cellulaire que sont l'autophagie et l'apoptose, et diminue la force maximale du muscle périphérique. Dans le muscle squelettique, Wu et al (2011) ont précédemment montré que la réponse UPR est activée durant l'exercice physique et permet à celui-ci de s'adapter à l'entrainement physique (Wu et al., 2011). Cette adaptation serait régulée par l'activation de PGC-1α via la protéine impliquée dans le stress du RE, ATF6α. Dans notre étude, la stimulation supra-maximale du stress du RE par la TN passe par des voies différentes de l'UPR que celle de l'exercice physique, eif2a et IRE1a. Concernant la régulation d'IP3R1, il a été précédemment montré qu'un stress du RE diminue les ponts entre RS et mitochondrie dans des hépatocytes via la rupture du complexe des MAMs IP3R1-GRP75-VDAC (Rieusset et al., 2012). Nous nous sommes donc intéressés à l'impact du stress du RE sur les relations RS-mitochondrie via ce complexe. Nous avons effectivement retrouvé dans le muscle squelettique après induction d'un stress du RE, une diminution de l'association IP3R1-GRP75 et IP3R1-VDAC par la méthode dulolink. De plus, afin de réguler correctement le métabolisme cellulaire et la fonction mitochondriale, des flux calciques adaptés entre RS et mitochondrie, via un contrôle efficace par les IP3R, sont nécessaires (Cárdenas et al., 2010). Dans notre étude, la diminution des liens entre RS et mitochondrie est associée à une perturbation de l'homéostasie calcique. L'injection aiguë de TN augmente les transitoires calciques cytosoliques de fibres musculaires isolées, à la fois *in vivo* et *in vitro*. Des analyses de la charge calcique mitochondriale induite par l'histamine (activateur des IP3R) sont actuellement en cours et nous permettront de décrire plus en détail ces flux entre RS et mitochondrie. D'autre part, nous montrons des modifications post traductionnelles du canal RyR1 avec notamment une augmentation de son lien avec la protéine régulatrice FKBP12, diminuant ainsi sa probabilité d'ouverture. L'augmentation de l'interaction FKBP12/RyR1, associée à une diminution de la carboxylation, peut être due à une diminution des ponts entre mitochondrie et RS suite au stress du RE et ainsi diminuer l'activité de la mitochondrie et sa production de ROS (Kiviluoto et al., 2013). De plus, habituellement, la stabilisation du canal calcique RyR1 par la protéine FKBP12, est en faveur d'un meilleur processus de *Calcium-Induced-Calcium-Release* et d'une amélioration de la contraction musculaire. Cependant, dans notre étude, la force maximale de contraction, mesurée *ex vivo* sur EDL entier, diminue suite à l'injection de TN dans l'EDL. Ces résultats soulèvent la question des effets positifs ou négatifs d'un stress du RE. L'élévation accrue des transitoires calciques, sans augmentation du temps de recaptage par les SERCA, est en faveur d'une augmentation de concentration cytosolique de calcium. Ceci peut déclencher la voie apoptotique induite par le calcium via les calpaines puis les caspases. Dans notre étude, nous montrons une augmentation du clivage de la calpaïne 1 indiquant une activation de la voie apoptotique dépendante du calcium. L'intégrité des myofilaments (actine, myosine…) peut alors être touchée diminuant la force musculaire globale. En effet, il a été montré que le stress du RE en activant la calpaine 1 ainsi que la caspase 12, provoque la dégradation des myofilaments (Wu and Kaufman, 2006). Cependant, *in vivo*, contrairement à ce qui a été observé *in vitro*, la charge calcique cytosolique suite à un pulse caféinique n'est pas augmentée par l'injection TN. En analysant les valeurs, nous nous apercevons que la fluorescence suite à la caféine est plus basse que celle suite à une stimulation électrique. Un problème méthodologique peut être mis en cause, avec notamment la question de la spécificité de la caféine pour l'isoforme musculaire RyR1. Afin de confirmer ces résultats, une prochaine série d'expérience sera réalisée afin de déterminer la charge en calcium du RS par l'utilisation d'un autre activateur des RyR1, le 4CmC (Choisy et al., 1999; Al-Mousa and Michelangeli, 2009).

Le stress du RE induit par la TN est associé à une augmentation de l'autophagie avec une élévation de l'expression protéique de Beclin1 et LC3-II, résultat retrouvé dans différents contextes physiopathologiques (Deegan et al., 2013). En effet, Madaro et al (2013) ont montré qu'un traitement à la thapsigargin (TG) ou à la tunicamycine (TN) sur des cultures de myoblastes et myotubes induit un stress du RE associé à une augmentation de l'autophagie *via* la voie de la protéine kinase c (PKCθ) dépendante du calcium (Madaro et al., 2013). *In vivo*, chez des souris PKC$\theta^{-/-}$, une diminution de l'autophagie associée à une réduction de l'atrophie musculaire a été mise en avant. Ainsi, la diminution de la force maximale pourrait être associée à une atrophie induite par l'autophagie (Sandri, 2013). La voie UPR induit par un stress du RE est un mécanisme adaptatif physiologique indispensable à l'homéostasie cellulaire, répondant directement aux changements environnementaux, et modulant la synthèse protéique et donc la masse musculaire. Lors de conditions perturbant le repliement des protéines, comme une déplétion en calcium du RE ou une privation énergétique, l'expression des protéines chaperonnes (Bip, calnexin, calreticulin, calsequestrine) augmente à travers la cascade de signalisation de l'UPR (Ron and Walter, 2007). Ceci permet de rétablir un équilibre au sein de la lumière du RE. Cependant, l'activation supraphysiologique du stress du RE, maintenant une activité UPR élevée, peut engendrer la mort cellulaire même si les mécanismes dans le muscle restent à ce jour non décrits (Rutkowski et al., 2006). Dans notre étude, chez la souris CTL, nous mettons clairement en évidence un lien entre une induction aiguë d'un stress du RE au niveau musculaire et une activation des mécanismes de mort cellulaire via l'altération de l'homéostasie calcique engendrée par une altération des ponts structurels entre RS et mitochondrie. Cette réponse extraphysiologique s'accompagne d'une altération de la fonction contractile de la fibre musculaire. Ces résultats mettent en avant la complexité et la sensibilité de la réponse à un stress dans une condition non pathologique, et pose clairement la question de l'importance thérapeutique de sa modulation dans les pathologies musculaires.

Dans la DMD, le muscle présente notamment un dysfonctionnement métabolique, nommé « crise métabolique », ainsi qu'une perturbation de l'homéostasie calcique, renforçant l'hypothèse de l'existence d'un stress du RE dans cette pathologie. Identifier un tel stress dans chez la souris mdx a donc représenté le deuxième objectif de cette étude. Nos résultats montrent pour la première fois, une augmentation, chez la souris mdx, de l'expression protéique des marqueurs du stress du RE tels que GRP78, IRE1, phEi2α dès l'âge de 4 semaines. En revanche, en condition physiologique, l'âge est associé à une diminution des protéines chaperonnes et de la réponse adaptative UPR (Brown and Naidoo, 2012; Naidoo et al., 2008). L'âge est également associé à une dysfonction mitochondriale participant à l'alteration de la signalisation calcique entre RS et mitochondrie (Decuypere et al., 2011b). Chez la souris mdx, nous avons observé une diminution des ponts entre RS et mitochondrie avec une diminution des liens IP3R1-VDAC. De plus, l'élévation du stress du RE avec l'âge, est associée à une augmentation de l'expression d'IP3R1 dans le diaphragme de souris mdx, évoluant en sens inverse de la souris CTL. Ceci pourrait être un phénomène de compensation afin de pallier à la diminution des ponts RS-mitochondrie et aux perturbations calciques observées chez la souris mdx. En effet, les troubles de l'homéostasie calcique chez la souris mdx sont associés à une surcharge calcique dans les différents compartiments cellulaires. Ceci peut être du à un déclin de l'activité des SERCA et/ou des IP3R et/ou RyR (Pour Revue Decuypere et al., 2011a). En accord avec les résultats antérieurs, nous observons consécutivement au pulse de caféine une augmentation de la charge en calcium du RS. Ce résultat reste à confirmer par l'utilisation de 4Cmc. Nous montrons également des modifications post-traductionnelles du canal RyR altérant sa stabilité comme précédemment décrits (Bellinger et al.,

2009; Fauconnier et al., 2010) et limitant ainsi le gradient de concentration entre le RS et le cytosol. A l'âge de 10 semaines, *in vitro*, l'intensité des transitoires calciques et la libération du calcium du RS diminuent. En parallèle, le temps de recaptage du calcium augmente suite à des stimulations électriques dans les fibres isolées, témoin d'une altération de l'homéostasie calcique. La pathologie de la fibre musculaire déficiente en dystrophine est complexe, mais ces résultats suggèrent un lien entre la présence d'un stress de RE et les anomalies calciques. Afin d'évaluer la nature de ce lien (cause-effet), nous avons dans un troisième temps modulé l'intensité de ce stress de RE chez la souris mdx.

La réponse de la souris mdx à un stress du RE induit par la TN a été étudiée. Aucune modification des marqueurs du stress du RE et de l'autophagie suite à la TN, n'a été observée. De plus, l'interaction IP3R1-GRP75 est également similaire dans les deux conditions. Nous pouvons spéculer que ces systèmes sont déjà boostés à l'état basal dans le muscle dystrophique et ne peuvent donc pas être augmentés davantage suite au stress. De même, il n'y a pas de modification des transitoires calciques après 8h de traitement à la TN *in vivo*. Pourtant, un traitement *in vivo* à la TN diminue la nitrosylation et la carboxylation du RyR1 et augmente la liaison FKBP12/RyR1 dans le diaphragme de souris traitées. Le traitement diminue également la charge calcique induite par la caféine. Ce résultat reste à être confirmé par le 4CmC. *In vitro*, les transitoires calciques sont augmentés de manière drastique, pour toutes les fréquences de stimulations. Ainsi pour interpréter les résultats, et surtout expliquer la diminution importante de la force contractile, nous devrons évaluer les phénomènes de mort cellulaire pouvant être activés par les modifications de l'homéostasie calcique observées. En effet, la force maximale diaphragmatique est diminuée fortement suite au traitement par la TN ce qui nous indique que l'induction supplémentaire d'un stress du RE reste délétère dans un environnement dystrophique. Dans ce cadre, notre dernier objectif a été d'étudier l'inhibition chronique d'un stress du RE par un traitement chronique de 4 semaines au TUDCA (Taurine-conjugated ursodeoxycholic acid) chez la souris mdx. Les résultats préliminaires montrent une amélioration de la force maximale diaphragmatique, associée à une tendance à la diminution de la charge calcique cytosolique suite à la caféine. Ces premiers résultats sont encourageants et les mécanismes sous-tendants cette amélioration de force restent à être explorée. L'analyse des marqueurs du stress du RE et de l'homéostasie calcique est en cours. Rieusset et al ont montré qu'un stress du RE induit par la délétion de la CypD, protéine chaperonne mitochondriale impliquée dans la régulation du calcium, est associé à une diminution du transfert de calcium entre RE et mitochondrie et des liens entre ces compartiments, dans des hépatocytes isolés (Rieusset et al, 2012). Dans cette étude, un traitement au TUDCA chez des souris CypD KO diminue le stress du RE et améliore leur métabolisme glucidique. Dans ce cadre, nous souhaitons évaluer plus précisément suite à une inhibition pharmacologique du stress du RE, l'évolution des relations entre RS et mitochondrie dans la dystrophie de Duchenne, et l'implication dans la régulation de l'homéostasie calcique cellulaire et de mort cellulaire.

En conclusion, ces résultats mettent en avant l'importance de la régulation du stress du RE pour maintenir des liens RS-mitochondrie efficients ainsi que des flux calcique adaptés pour une contraction musculaire optimale. Ces résultats ouvrent une perspective de stratégie thérapeutique dans les pathologies musculaires telle que la DMD, s'attachant à réguler finement le stress du RE et son impact sur l'homéostasie calcique.

Discussion

Générale

Discussion Générale et perspectives

La mitochondrie est au centre de ces travaux de thèse. Impliquée dans le métabolisme énergétique, et donc la fonction musculaire, elle joue également un rôle primordial dans l'atrophie musculaire de par son action sur les voies de mort et de survie cellulaire. Cette atrophie, associée ou non à une dysfonction musculaire, est une conséquence de différentes altérations musculaires comme la sarcopénie ou les dystrophies musculaires, et implique le pronostic vital de patient. Au-delà de la présentation des travaux de recherche, il parait important à ce stade du manuscrit de pouvoir discuter des résultats, de s'interroger sur leur inter-relations, leurs apports, leurs limites. A travers cette discussion générale, construite en deux temps, se dessineront les perspectives de ces travaux de recherche.

Un défi pour l'avenir : Elaborer des stratégies thérapeutiques pour lutter contre la perte de masse et de fonction musculaire

Les résultats principaux de la première étude montrent que dans le cadre de la sarcopénie, l'inhibition de la myostatine est une bonne stratégie pour maintenir une masse musculaire importante. Il est intéressant de noter que le phénotype hypertrophique induit par l'inhibition de la mstn est conservée entre les espèces (McPherron et al., 1997), avec l'âge, et le gain de masse musculaire est nettement supérieur à d'autres approches thérapeutiques. En effet, d'autres stratégies ont déjà été envisagées pour augmenter la masse musculaire. L'axe IGF1-AKT est unique dans le contrôle de la synthèse et de la dégradation protéique. Des analogues d'IGF1 pourraient être extrêmement utiles pour contrecarrer la perte de masse et de force musculaire. Cependant, cette même voie joue un rôle majeur dans d'autres processus biologiques comme la survie cellulaire. L'inhibition prolongée de la dégradation de protéine peut avoir un impact sur le contrôle de la qualité des protéines, et engendrer l'accumulation d'agrégats et de protéines mal-repliées (Grumati et al., 2010; Masiero et al., 2009). D'autre part, les agonistes β-adrénergiques comme le clenbuterol sont considérés comme des molécules de croissance et anti-atrophique. La plupart des effets du clenbuterol passe par l'activation de la voie Akt-mTOR (Kline et al., 2007), de sorte que les préoccupations liées à la stimulation de l'IGF1 peuvent également être appliquées aux agonistes β-adrénergiques. Une autre catégorie de molécules cibles sont les inhibiteurs du protéasome. Ils ont été utilisés avec succès pour bloquer l'atrophie dans différents modèles animaux (Caron et al., 2011; Jamart et al., 2011; Supinski et al., 2009). Cependant, les premiers essais chez l'homme utilisant du bortezomib ont engendré des complications cardiaques (Orciuolo et al., 2007). L'inhibition de la mstn est donc une approche thérapeutique d'avenir voire actuelle (Bonaldo and Sandri, 2013). Au niveau des modèles murins de myopathie, l'inhibition de la mstn a permis dans des phénotypes dystrophiques d'augmenter la masse musculaire, et ainsi d'améliorer le phénotype dystrophique de souris mdx (Amthor and Hoogaars, 2012; Hoogaars et al., 2012). Enfin, des essais cliniques via des anticorps anti-mstn, chez des patients atteints de myopathie ont déjà été publié (Wagner et al., 2008) et d'autres sont en cours chez l'homme sain âgé. Dans ce contexte, il est nécessaire d'explorer les conséquences fonctionnelles de cette inhibition sur le muscle. En effet, outre la masse, il est nécessaire de maintenir une fonction musculaire efficiente. La perturbation de la qualité mitochondriale est un paramètre intimement liée à la dysfonction musculaire associée à l'âge (Peterson et al., 2012). Dans notre première étude, nous avons montré que la réduction du contenu mitochondrial déjà décrite chez la souris KO mstn jeune, persiste chez la souris KO mstn âgée. Elle est associée à une altération franche du métabolisme aérobie, via les niveaux réduits d'activité d'enzymes oxydatives ou d'expression de facteur de transcription mitochondrial tel que PGC-1α. Les conséquences fonctionnelles restent une altération franche de la vitesse maximale de course ou du temps de course. Les stratégies thérapeutiques d'avenir d'inhibition de la mstn nécessitent donc d'être potentialisées. Dans ce cadre, nous nous sommes intéressés à l'amélioration de cette dysfonction mitochondriale via un activateur pharmacologique, l'AICAR, un agoniste de l'AMPK, protéine connue pour améliorer la biogénèse mitochondriale. L'AMPK est un activateur du co-facteur de transcription PGC-1α, stimulateur principal de la biogénèse mitochondriale et présenté en détail dans la revue de littérature. Cette molécule a eu un intérêt grandissant suite à la publication de Narkar en 2008, montrant qu'un traitement de 4 semaines permettait d'améliorer l'endurance de 70% chez des souris WT et d'activer les différents gènes impliqués dans l'exercice physique en endurance, proposant cette molécule comme véritable mimétique de l'exercice. Elle a été d'ailleurs introduite par l'agence mondiale anti-dopage sur la liste des produits dopants et ergogéniques interdits dans le monde sportif. Nos résultats démontrent que chez des souris saines âgées (Etude 1), l'AICAR ne peut pas être considéré comme mimétique de l'exercice n'améliorant ni le métabolisme mitochondrial et oxydatif ni les performances physiques. Nous avons même observé dans le groupe traité une diminution du RCR, index d'efficacité mitochondriale. Ce résultat rejoint une observation récente de Spangenburg et al., indiquant une diminution de la consommation d'oxygène de cellules musculaires exposées à un traitement à l'AICAR (Spangenburg et al., 2013). L'AICAR est-il un activateur spécifique d'AMPK, et de la biogénèse mitochondriale ? L'analyse de la littérature et de nos résultats permet d'apporter des éléments de réponse à cette question. En effet, dans nos travaux, ce même traitement à l'AICAR a été modérément efficace chez la souris KO mstn, modèle présentant un phénotype glycolytique prédominant et une dysfonction mitochondriale importante. Chez cette souris, l'AICAR a permis d'améliorer l'endurance de ces souris (Etude 1). L'analyse des mécanismes cellulaires montre une activation significative de l'expression de PGC-1α, sans impact sur le contenu mitochondrial, mais associée à une augmentation de l'activité des enzymes de la chaîne respiratoire mitochondriale (Etude 1). Le traitement n'a pas eu d'impact sur le pool mitochondrial, ainsi nous pouvons émettre l'hypothèse d'une amélioration de la fonctionnalité de ce pool, notamment vis à vis de son rôle de sentinelle face au stress induit. Cependant, nous n'avons pas retrouvé d'activation d'AMPK suite au traitement à l'AICAR. Deux éléments de discussion peuvent alors être abordés. Cette non-activation peut être relative aux procédures expérimentales car mesurée en condition basale, et non à la suite d'un stress tel que l'exercice. Cette non-activation peut suggérer que les effets de l'AICAR observés sont AMPK indépendants. De manière intéressante, nos résultats montrent que l'AICAR a réduit le niveau d'expression de la GRP78 suggérant une réduction du stress du RE. Ainsi l'AICAR ne serait pas seulement un activateur de la biogénèse mitochondriale et pourrait jouer un rôle sur d'autres voies notamment celles impliquées dans l'homéostasie calcique comme récemment décrit. En effet, Lanner et al. ont mis en avant que l'AICAR interagit avec le canal calcique RyR1 et diminue ainsi les fuites calciques vers le cytosol de manière AMPK indépendante. Un traitement à l'AICAR chez des souris mutées pour le RyR1, protège de la réponse induite par la chaleur, en diminuant le stress oxydant et nitrosylant et réduisant ainsi les contractures, la rhabdomyolise et la mort.

Il est intéressant de noter que nos résultats chez la souris mdx confirment cette première hypothèse. En effet, dans ce modèle murin de la DMD, présentant également une dysfonction mitochondriale aggravée et un métabolisme énergétique perturbé, le traitement à l'AICAR a été efficace sur les voies de mort cellulaire en inhibant des processus d'apoptose à point de départ mitochondrial et en activant un processus autophagique par la voie de l'AMPK. Cette autophagie, ciblant la mitochondrie, stimule le renouvellement du pool mitochondrial permettant une amélioration du phénotype dystrophique (Etude 2). Bien que l'AICAR n'a pas eu d'effets bénéfiques dans notre groupe contrôle âgé, sain, empêchant l'attribution de mimétique de l'exercice sur ces souris, il est intéressant de noter que dans nos deux modèles murins présentant une altération de la fonction musculaire, l'AICAR a eu des effets bénéfiques sur la fonction sentinelle de la mitochondrie, améliorant sa capacité d'homéostasie vis à vis d'une surcharge calcique, et ainsi limitant les processus de mort cellulaire.

Dans leur ensemble, ces résultats soulèvent la possibilité d'application de cette molécule chez l'homme, dans des pathologies impliquant une dysfonction mitochondriale. Mais actuellement, en raison de sa toxicité potentielle encore mal étudiée, aucune étude n'a évalué l'AICAR en tant que traitement thérapeutique dans les pathologies musculaires chez l'homme. Seules quelques études ont analysé l'effet de l'infusion d'AICAR chez des patients diabétiques, et ont montré des effets sur les cinétiques de glucose et d'acide gras plasmatique (Boon et al., 2008; Cuthbertson et al., 2007). Cette analyse critique impose une réflexion sur la définition de nouvelles molécules ou moyens permettant d'activer de manière plus efficace le programme lent oxydatif des fibres musculaires. En effet, les stratégies thérapeutiques s'attachant à contrecarrer les effets de l'atrophie ou de dysfonction musculaire ont souvent l'objectif du maintien ou de l'augmentation de la masse musculaire. Mais tous les modèles génétiques ou pharmacologiques de gain de masse (inhibition de la mstn et de l'activine, hormones de croissance, agonistes β-adrénergétique, IGF-1...) se traduisent par un shift vers un phénotype glycolytique, rapide. Or pour améliorer l'atrophie de façon efficiente, l'augmentation de la masse doit être associée à une amélioration de la fonction musculaire, de la fonction mitochondriale et donc du métabolisme oxydatif, lent. Les futures perspectives de recherche devront s'attacher à répondre à ce paradoxe.

L'exercice physique reste un stimulus physiologique remarquable, qui active de manière globale ces différentes voies auxquelles nous nous sommes intéressées (AMPK, PGC-1α, autophagie, stress du RE). Il active de manière globale le métabolisme oxydatif lent et améliore ainsi la fonction mitochondriale lors d'un entraînement en endurance, de faible intensité et de longue durée (Baar, 2004). Cependant, dans certains cas comme dans les maladies musculaires dystrophiques, la mise en place de programme d'entraînement n'est pas envisageable due à l'atteinte prématurée de la structure musculaire, où ce dernier serait délétère. C'est pourquoi, outre l'exercice physique, la recherche de molécule mimétique de l'exercice est importante pour améliorer le métabolisme mitochondrial. N'existant pas à l'heure actuelle de molécule activant spécifiquement la voie de PGC-1α, l'étude du phénotype des souris surexprimant ce co-facteur peut permettre l'identification de nouvelles molécules de signalisation et donc ouvrir des voies thérapeutiques. En effet, il a été montré que les souris MKC PGC-1α sont protégées de la sarcopénie et des maladies métaboliques associées à l'âge. L'augmentation de PGC-1α chez ces souris, prévient de l'atrophie et préserve la fonction mitochondriale associée à une diminution de l'apoptose, de l'autophagie et de la dégradation du protéasome (Wenz et al., 2009). Il serait intéressant de réaliser un croisement entre des souris MKC PGC-1α et des souris KO mstn âgées afin d'observer une éventuelle amélioration de la fonction mitochondriale. Cette stratégie d'amélioration de PGC-1α a été utilisée plusieurs fois chez la souris mdx et a montré ces effets bénéfiques (Handschin et al., 2007b; Godin et al., 2012). Récemment, Hollinger et al., ont injecté des adéno-virus codant pour PGC-1α dans des muscles squelettiques de souris mdx et ont observé une amélioration des dommages induits par une contraction, une augmentation de l'utrophine et des protéines du complexe de la dystrophine. Ces améliorations s'expliquent par une augmentation des marqueurs de la capacité oxydative du muscle (Hollinger et al., 2013). Au niveau pharmacologique, comme nous l'avons fait pour l'AICAR, l'activation de la voie de l'AMPK peut être utilisée pour stimuler PGC-1α. Des molécules comme l'A-769662, ou la metformine, déjà connues sur le marché pour le diabète, pourraient être testées afin d'améliorer la fonction mitochondriale (Zhou et al., 2009).

Une autre façon d'améliorer le métabolisme oxydatif est l'utilisation des agonistes des PPARβ/δ, co-facteur de PGC-1α. La surexpression de PPARδ constitutivement actif (VP16-PPARδ) dans le muscle squelettique de souris transgénique augmente les fibres musculaires oxydatives et améliore l'endurance de course chez des sujets non entraînés (Wang et al., 2004). De plus, Narkar et al, a également mis en avant que l'agoniste des PPARδ, GW1516, (montré comme bioactif chez l'homme (Sprecher et al., 2007)), permet aux souris de courir 60 à 75% plus longtemps que les souris non traitées, mais seulement associé avec un entraînement physique (Narkar et al., 2008). Enfin de manière intéressante, Zolezzi et al, ont montré que des PPAR agonistes (ciglitazone ou WY 14.643) sont capables de modifier les phénomènes de fusion et de fission et d'améliorer la qualité neuronale (Zolezzi et al., 2013). En effet, il a été montré que les PPAR activent la fission mitochondriale en phosphorylant DRP1 *via* la voie calcium dépendante PKC (Han et al., 2008), et contrôlent ainsi la dynamique mitochondriale. Se pencher sur les mécanismes de mise en place du réseau mitochondrial au travers de l'étude des phénomènes de fusion et de fission pourrait ainsi déboucher sur une nouvelle approche thérapeutique, type d'approche qui a été d'ailleurs envisagée dans les maladies cardiovasculaires où la dysfonction mitochondriale est déterminante (Knowlton et al., 2013; Marzetti et al., 2010). Parallèlement à ces différentes stratégies thérapeutiques déjà en devenir, il convient de continuer d'explorer, de mieux comprendre les mécanismes cellulaires et/ou physiopathologiques à l'origine de la fonction mitochondriale, pour les thérapies de demain. Mes travaux de thèse se sont concentrés sur deux processus mécanistiques, encore peu connus dans les dystrophies musculaires : l'autophagie et le stress du RE.

Un défi pour la recherche : Décrypter les mécanismes cellulaires impliquant la fonction sentinelle de la mitochondrie

Notre travail montre pour la première fois chez la souris mdx une augmentation de l'autophagie, associée à la crise métabolique, suggérant une réponse adaptative aux altérations mitochondriales et au stress énergétique. De plus, le traitement à l'AICAR, en activant la voie de l'AMPK, a augmenté le programme de dégradation sélectif d'autophagie, la mitophagie, permettant l'élimination de mitochondries endommagées et le renouvellement de mitochondries fonctionnelles. Le travail de Palma et al, a également mis en avant un défaut du flux autophagique chez la souris mdx, et la réactivation de ce flux par un régime diététique spécifique (faible en protéine, LPD, low protein diet) améliore le phénotype dystrophique (De Palma et al., 2012). Ce travail contribue à expliquer pourquoi l'inhibition de mTOR par la molécule pharmacologique rapamycine, améliore également le phénotype dystrophique (Eghtesad et al., 2011). Cependant la rapamycine ne peut pas être utilisée comme traitement à long terme dans la DMD, car cette molécule bloque totalement la croissance musculaire des fibres en régénération et est intrinsèquement toxique (Pallafacchina et al., 2002). Il est bien décrit que l'exercice physique est un stimulus physiologique puissant activant l'autophagie (Grumati et al., 2011; He et al., 2012b) constituant un modèle d'étude de ce processus. Dans ce contexte, il serait intéressant d'étudier la réponse autophagique suite à l'exercice aïgu dans nos deux modèles murins musculaires. En effet, Lee et al. ont montré que la mstn ou le TGF-β induisent une augmentation de l'autophagie dans des cellules C2C12 (Lee et al., 2011) et ceci serait associé à l'atrophie induite par la mstn (Seiliez et al., 2013). Existe-il par exemple dans le muscle déficient en mstn un processus altéré de mitophagie pouvant expliquer la diminution du pool mitochondrial chez la souris KO mstn? Dans ce cadre, une étude a été initiée dans le modèle de la souris KO mstn afin d'explorer plus précisément l'autophagie, au niveau basal, et en réponse à un stress d'activation tel que l'exercice. Les premières expérimentations ont été réalisées et sont en cours de finalisation. De manière générale, nos résultats et les hypothèses de recherche qui en découlent s'inscrivent dans cette thématique en pleine expansion qui est la compréhension des mécanismes impliqués dans la régulation de l'autophagie et la recherche de molécule activant ce mécanisme.

Toujours dans la recherche de nouveaux mécanismes applicables à des perspectives thérapeutiques, notre troisième travail a étudié le stress du RE chez la souris mdx (Etude 3). Le stress du RE, à la base physiologique, serait un stress cellulaire nécessaire pour réguler à la fois le repliement et la production adéquat de protéine, mais également, notamment au niveau de la cellule musculaire, de réguler l'homéostasie calcique et les relations RS-mitochondrie, essentielle à la contraction. Un excès de stress du RE impacte sur cette homéostasie et déclenche les processus de mort et de survie cellulaire telle que l'apoptose et l'autophagie. Notre étude montre pour la première fois la présence de stress du RE dans la DMD et essaye de comprendre sa part dans les mécanismes physiopathologiques de cette pathologie. Nous démontrons que ce stress du RE impacte les relations RS-mitochondrie (MAMs) et engendre des modifications des flux calciques cellulaires. L'UPR engendrée perturbe cette homéostasie calcique, active les voies de mort cellulaire comme l'apoptose et l'autophagie, et *in fine* dégrade la contractilité musculaire. Des expérimentations et analyses sont actuellement en cours afin d'étudier plus attentivement les liens avec le calcium mitochondrial, grâce à l'utilisation de la Sonde calcique Rhod-2. Ces résultats ouvrent des perspectives thérapeutiques sur la recherche de molécules modifiant le stress du RE. Dans ce contexte, nous avons choisi d'utiliser un dérivé d'acide biliaire, le TUDCA. Cette molécule a été utilisée dans le traitement de la dysfonction cardiaque induite par l'obésité et permet de réduire le stress du RE. En effet, dans ce contexte pathologique, les auteurs montrent qu'un traitement au TUDCA améliore les paramètres de contractilité cardiaque, les propriétés calciques, et diminuent les marqueurs du stress du RE chez la souris obèse (Ceylan-Isik et al., 2011). Dans notre étude (Etude 3), nous montrons qu'un traitement pharmacologique de 4 semaines au TUDCA, améliore chez nos souris mdx à la fois les transitoires calciques et la force maximale diaphragmatique. Afin de confirmer ces résultats prometteurs, nous avons prélevé et congelé des muscles pour vérifier l'effet du traitement sur les marqueurs du stress du RE, la réponse UPR, et le phénotype dystrophique des souris. Existe-il à l'heure actuelle d'autres agents pharmacologiques ou physiologiques régulant le stress du RE dans le tissu musculaire? Peu de données existent actuellement dans la littérature. Par contre, de manière intéressante, dans notre étude I, la molécule AICAR a réduit de manière significative l'expression de GRP78 dans les muscles des souris KO mstn suggérant une réduction du stress du RE. Caractériser les voies signalétiques par lesquelles AICAR impacte le stress du RE reste une perspective de recherche.

Enfin, peu abordé dans cette thèse, mais souvent apparaissant en filigrane, le statut rédox est un processus aujourd'hui bien défini dans la littérature et qui reste intimement lié à la fonction mitochondriale et calcique, à la problématique du vieillissement, et aux pathologies musculaires. Chez la souris mdx, il a été montré qu'une supplémentation au resvératrol, un antioxydant et activateur de la de la protéine déacetyalase SIRT1- NAD(+) dépendante, améliore la pathologie musculaire (Hori et al., 2011). Au niveau de la souris KO mstn, une étude du laboratoire a montré *in vivo* un statut rédox spécifique, avec des niveaux de TBARs très faibles, associés à une augmentation du système antioxydant du glutathion (Ploquin et al., 2012). Ce travail fait écho à celui de Sriram et al., 2011 montrant *in vitro* la capacité d'H_2O_2, une EOR, à induire l'expression de la mstn, et inversement de la mstn à induire la production d'H_2O_2, via la stimulation des cytokines inflammatoires (Sriram et al., 2011). Dans leur ensemble, la littérature scientifique met en avant l'importance de la fonction mitochondriale, dans le maintien d'un statut rédox favorable, afin d'aboutir à une qualité de contraction musculaire optimale. Cependant, au niveau mitochondrial, il a été observé dans le tissu musculaire déficient en mstn, une diminution de près de 80% de l'activité antioxydante de la SOD (Ploquin et al., 2012). Dans ce contexte, en partenariat avec l'entreprise Bionov, nous avons étudié les effets d'un extrait naturel de melon riche en SOD sur le statut rédox, la fonction mitochondriale et musculaire de souris WT et KO mstn agées (traitement de 12 semaines, 40U/jour par voie nutritionnelle, 5J/semaine). De manière surprenante, les résultats principaux montrent qu'une supplémentation enrichie en SOD permet de préserver l'atrophie musculaire liée à l'âge quelque ce soit le génotype chez des souris WT et KO mstn, avec une amélioration de la vitesse maximale de course. Des analyses doivent être réalisées *in vitro* afin d'explorer le lien mécanistique, et permettre la finalisation de l'écriture de l'article, relative à ces résultats. La mstn, un pro-oxydant ? La déficience en myostatine confère-t-elle une résistance au stress oxydant ? Quel est le rôle de la mitochondrie dans cette régulation ? Chez la souris KO mstn, les projets de recherche et les débats sont en cours.

Toute altération du réseau mitochondrial (structure, fonction..) est délétère pour son tissu et entraîne des anomalies conséquentes. Des mutations génétiques de l'ADN mitochondrial seul, sont la cause de maladies graves telles que Parkinson ou Alzheimer, on parle même de mitochondriopathie. Outre ces maladies spécifiquement mitochondriales, la mitochondrie est impliquée secondairement dans la physiopathologie d'un grand nombre de pathologies, comme les cardiomyopathies, les maladies métaboliques (diabète, obésité...), et notamment les dystrophies musculaires. Enfin, de manière physiologique, la qualité mitochondriale se dégrade au fil des années, c'est un processus majeur associé à la perte de masse et de fonction musculaire avec l'âge (sarcopénie), enjeu de recherche au sein de notre société de plus en plus vieillissante. L'altération mitochondriale dans le tissu musculaire engendre des troubles de la fonction musculaire notable, impliquant le pronostic vital des patients. La mitochondrie est donc au centre des thérapeutiques actuelles.

Que ce soit dans un contexte hypertrophique ou atrophique, physiologique ou pathologique, ce travail de thèse souligne et décrypte le rôle primordial de la mitochondrie dans la cellule musculaire. Sentinelle cellulaire, la mitochondrie contrôle à la fois la production d'énergie indispensable à la contraction musculaire, mais est paradoxalement déterminante dans le destin de la cellule par son rôle dans l'apoptose, l'autophagie, le stress du RE, le statut rédox. Elle joue un rôle clé dans le maintien de ce subtil équilibre d'homéostasie cellulaire, décrit « comme la condition d'une vie libre et indépendante » pour reprendre la définition de Claude Bernard, le père de la recherche expérimentale.

Bibliographie

Bibliographie

Abe, S., Soejima, M., Iwanuma, O., Saka, H., Matsunaga, S., Sakiyama, K., and Ide, Y. (2009). Expression of myostatin and follistatin in Mdx mice, an animal model for muscular dystrophy. Zoolog. Sci. *26*, 315–320.

Akimoto, T., Ribar, T.J., Williams, R.S., and Yan, Z. (2004). Skeletal muscle adaptation in response to voluntary running in Ca2+/calmodulin-dependent protein kinase IV-deficient mice. Am. J. Physiol. Cell Physiol. *287*, C1311–1319.

Allen, D.L., Linderman, J.K., Roy, R.R., Bigbee, A.J., Grindeland, R.E., Mukku, V., and Edgerton, V.R. (1997). Apoptosis: a mechanism contributing to remodeling of skeletal muscle in response to hindlimb unweighting. Am. J. Physiol. *273*, C579–587.

Amthor, H., and Hoogaars, W.M.H. (2012). Interference with myostatin/ActRIIB signaling as a therapeutic strategy for Duchenne muscular dystrophy. Curr. Gene Ther. *12*, 245–259.

Amthor, H., Macharia, R., Navarrete, R., Schuelke, M., Brown, S.C., Otto, A., Voit, T., Muntoni, F., Vrbóva, G., Partridge, T., et al. (2007). Lack of myostatin results in excessive muscle growth but impaired force generation. Proc. Natl. Acad. Sci. U. S. A. *104*, 1835–1840.

Amthor, H., Otto, A., Vulin, A., Rochat, A., Dumonceaux, J., Garcia, L., Mouisel, E., Hourdé, C., Macharia, R., Friedrichs, M., et al. (2009). Muscle hypertrophy driven by myostatin blockade does not require stem/precursor-cell activity. Proc. Natl. Acad. Sci. U. S. A. *106*, 7479–7484.

Baar, K. (2004). Involvement of PPAR gamma co-activator-1, nuclear respiratory factors 1 and 2, and PPAR alpha in the adaptive response to endurance exercise. Proc. Nutr. Soc. *63*, 269–273.

Baar, K., Wende, A.R., Jones, T.E., Marison, M., Nolte, L.A., Chen, M., Kelly, D.P., and Holloszy, J.O. (2002). Adaptations of skeletal muscle to exercise: rapid increase in the transcriptional coactivator PGC-1. FASEB J. Off. Publ. Fed. Am. Soc. Exp. Biol. *16*, 1879–1886.

Bach, D., Pich, S., Soriano, F.X., Vega, N., Baumgartner, B., Oriola, J., Daugaard, J.R., Lloberas, J., Camps, M., Zierath, J.R., et al. (2003). Mitofusin-2 determines mitochondrial network architecture and mitochondrial metabolism. A novel regulatory mechanism altered in obesity. J. Biol. Chem. *278*, 17190–17197.

Baligand, C., Gilson, H., Ménard, J.C., Schakman, O., Wary, C., Thissen, J.-P., and Carlier, P.G. (2010). Functional assessment of skeletal muscle in intact mice lacking myostatin by concurrent NMR imaging and spectroscopy. Gene Ther. *17*, 328–337.

Di Bartolomeo, S., Corazzari, M., Nazio, F., Oliverio, S., Lisi, G., Antonioli, M., Pagliarini, V., Matteoni, S., Fuoco, C., Giunta, L., et al. (2010). The dynamic interaction of AMBRA1 with the dynein motor complex regulates mammalian autophagy. J. Cell Biol. *191*, 155–168.

Báthori, G., Csordás, G., Garcia-Perez, C., Davies, E., and Hajnóczky, G. (2006). Ca2+-dependent control of the permeability properties of the mitochondrial outer membrane and voltage-dependent anion-selective channel (VDAC). J. Biol. Chem. *281*, 17347–17358.

Bayod, S., Del Valle, J., Lalanza, J.F., Sanchez-Roige, S., de Luxán-Delgado, B., Coto-Montes, A., Canudas, A.M., Camins, A., Escorihuela, R.M., and Pallàs, M. (2012). Long-term physical exercise induces changes in sirtuin 1 pathway and oxidative parameters in adult rat tissues. Exp. Gerontol.

Bellinger, A.M., Reiken, S., Carlson, C., Mongillo, M., Liu, X., Rothman, L., Matecki, S., Lacampagne, A., and Marks, A.R. (2009). Hypernitrosylated ryanodine receptor calcium release channels are leaky in dystrophic muscle. Nat. Med. *15*, 325–330.

Bellot, G., Garcia-Medina, R., Gounon, P., Chiche, J., Roux, D., Pouysségur, J., and Mazure, N.M. (2009). Hypoxia-induced autophagy is mediated through hypoxia-inducible factor induction of BNIP3 and BNIP3L via their BH3 domains. Mol. Cell. Biol. *29*, 2570–2581.

Bereiter-Hahn, J., and Vöth, M. (1994). Dynamics of mitochondria in living cells: shape changes, dislocations, fusion, and fission of mitochondria. Microsc. Res. Tech. *27*, 198–219.

Bergeron, R., Ren, J.M., Cadman, K.S., Moore, I.K., Perret, P., Pypaert, M., Young, L.H., Semenkovich, C.F., and Shulman, G.I. (2001). Chronic activation of AMP kinase results in NRF-1 activation and mitochondrial biogenesis. Am. J. Physiol. Endocrinol. Metab. *281*, E1340–1346.

Bernales, S., McDonald, K.L., and Walter, P. (2006). Autophagy counterbalances endoplasmic reticulum expansion during the unfolded protein response. PLoS Biol. *4*, e423.

Boffoli, D., Scacco, S.C., Vergari, R., Solarino, G., Santacroce, G., and Papa, S. (1994). Decline with age of the respiratory chain activity in human skeletal muscle. Biochim. Biophys. Acta *1226*, 73–82.

Bogdanovich, S., Perkins, K.J., Krag, T.O.B., Whittemore, L.-A., and Khurana, T.S. (2005). Myostatin propeptide-mediated amelioration of dystrophic pathophysiology. FASEB J. Off. Publ. Fed. Am. Soc. Exp. Biol. *19*, 543–549.

Bogdanovich, S., McNally, E.M., and Khurana, T.S. (2008). Myostatin blockade improves function but not histopathology in a murine model of limb-girdle muscular dystrophy 2C. Muscle Nerve *37*, 308–316.

Bonaldo, P., and Sandri, M. (2013). Cellular and molecular mechanisms of muscle atrophy. Dis. Model. Mech. *6*, 25–39.

Boon, H., Bosselaar, M., Praet, S.F.E., Blaak, E.E., Saris, W.H.M., Wagenmakers, A.J.M., McGee, S.L., Tack, C.J., Smits, P., Hargreaves, M., et al. (2008). Intravenous AICAR administration reduces hepatic glucose output and inhibits whole body lipolysis in type 2 diabetic patients. Diabetologia *51*, 1893–1900.

Bossy-Wetzel, E., and Green, D.R. (1999). Apoptosis: checkpoint at the mitochondrial frontier. Mutat. Res. *434*, 243–251.

Brenner, C., and Kroemer, G. (2000). Apoptosis. Mitochondria--the death signal integrators. Science *289*, 1150–1151.

De Brito, O.M., and Scorrano, L. (2008). Mitofusin 2 tethers endoplasmic reticulum to mitochondria. Nature *456*, 605–610.

De Brito, O.M., and Scorrano, L. (2010). An intimate liaison: spatial organization of the endoplasmic reticulum-mitochondria relationship. EMBO J. *29*, 2715–2723.

Brown, M.K., and Naidoo, N. (2012). The endoplasmic reticulum stress response in aging and age-related diseases. Front. Physiol. *3*, 263.

Buchberger, A., Bukau, B., and Sommer, T. (2010). Protein quality control in the cytosol and the endoplasmic reticulum: brothers in arms. Mol. Cell *40*, 238–252.

Burman, C., and Ktistakis, N.T. (2010). Autophagosome formation in mammalian cells. Semin. Immunopathol. *32*, 397–413.

Calvo, J.A., Daniels, T.G., Wang, X., Paul, A., Lin, J., Spiegelman, B.M., Stevenson, S.C., and Rangwala, S.M. (2008). Muscle-specific expression of PPARgamma coactivator-1alpha improves exercise performance and increases peak oxygen uptake. J. Appl. Physiol. Bethesda Md 1985 *104*, 1304–1312.

Calvo, S., Jain, M., Xie, X., Sheth, S.A., Chang, B., Goldberger, O.A., Spinazzola, A., Zeviani, M., Carr, S.A., and Mootha, V.K. (2006). Systematic identification of human mitochondrial disease genes through integrative genomics. Nat. Genet. *38*, 576–582.

Capel, F., Demaison, L., Maskouri, F., Diot, A., Buffiere, C., Patureau Mirand, P., and Mosoni, L. (2005). Calcium overload increases oxidative stress in old rat gastrocnemius muscle. J. Physiol. Pharmacol. Off. J. Pol. Physiol. Soc. *56*, 369–380.

Carafoli, E., and Lehninger, A.L. (1971). A survey of the interaction of calcium ions with mitochondria from different tissues and species. Biochem. J. *122*, 681–690.

Cárdenas, C., Miller, R.A., Smith, I., Bui, T., Molgó, J., Müller, M., Vais, H., Cheung, K.-H., Yang, J., Parker, I., et al. (2010). Essential regulation of cell bioenergetics by constitutive InsP3 receptor Ca2+ transfer to mitochondria. Cell *142*, 270–283.

Carnac, G., Vernus, B., and Bonnieu, A. (2007). Myostatin in the pathophysiology of skeletal muscle. Curr. Genomics *8*, 415–422.

Caron, A.Z., Haroun, S., Leblanc, E., Trensz, F., Guindi, C., Amrani, A., and Grenier, G. (2011). The proteasome inhibitor MG132 reduces immobilization-induced skeletal muscle atrophy in mice. BMC Musculoskelet. Disord. *12*, 185.

Carter, G.T., Wineinger, M.A., Walsh, S.A., Horasek, S.J., Abresch, R.T., and Fowler, W.M., Jr (1995). Effect of voluntary wheel-running exercise on muscles of the mdx mouse. Neuromuscul. Disord. NMD *5*, 323–332.

Cereghetti, G.M., and Scorrano, L. (2006). The many shapes of mitochondrial death. Oncogene *25*, 4717–4724.

Ceylan-Isik, A.F., Sreejayan, N., and Ren, J. (2011). Endoplasmic reticulum chaperon touroursodeoxycholic acid alleviates obesity-induced myocardial contractile dysfunction. J. Mol. Cell. Cardiol. *50*, 107–116.

Chabi, B., Ljubicic, V., Menzies, K.J., Huang, J.H., Saleem, A., and Hood, D.A. (2008). Mitochondrial function and apoptotic susceptibility in aging skeletal muscle. Aging Cell *7*, 2–12.

Chakraborti, T., Das, S., Mondal, M., Roychoudhury, S., and Chakraborti, S. (1999). Oxidant, mitochondria and calcium: an overview. Cell. Signal. *11*, 77–85.

Chen, Y.W., Zhao, P., Borup, R., and Hoffman, E.P. (2000). Expression profiling in the muscular dystrophies: identification of novel aspects of molecular pathophysiology. J. Cell Biol. *151*, 1321–1336.

Chen, Z.-P., Stephens, T.J., Murthy, S., Canny, B.J., Hargreaves, M., Witters, L.A., Kemp, B.E., and McConell, G.K. (2003). Effect of exercise intensity on skeletal muscle AMPK signaling in humans. Diabetes *52*, 2205–2212.

Choisy, S., Huchet-Cadiou, C., and Leoty, C. (1999). Sarcoplasmic reticulum Ca(2+) release by 4-chloro-m-cresol (4-CmC) in intact and chemically skinned ferret cardiac ventricular fibers. J. Pharmacol. Exp. Ther. *290*, 578–586.

Clapham, D.E. (2007). Calcium signaling. Cell *131*, 1047–1058.

Cogswell, A.M., Stevens, R.J., and Hood, D.A. (1993). Properties of skeletal muscle mitochondria isolated from subsarcolemmal and intermyofibrillar regions. Am. J. Physiol. *264*, C383–389.

Conley, K.E., Amara, C.E., Jubrias, S.A., and Marcinek, D.J. (2007). Mitochondrial function, fibre types and ageing: new insights from human muscle in vivo. Exp. Physiol. *92*, 333–339.

Corsetti, G., Pasini, E., D'Antona, G., Nisoli, E., Flati, V., Assanelli, D., Dioguardi, F.S., and Bianchi, R. (2008). Morphometric changes induced by amino acid supplementation in skeletal and cardiac muscles of old mice. Am. J. Cardiol. *101*, 26E–34E.

Cree, M.G., Newcomer, B.R., Katsanos, C.S., Sheffield-Moore, M., Chinkes, D., Aarsland, A., Urban, R., and Wolfe, R.R. (2004). Intramuscular and liver triglycerides are increased in the elderly. J. Clin. Endocrinol. Metab. *89*, 3864–3871.

Cruz-Jentoft, A.J., Baeyens, J.P., Bauer, J.M., Boirie, Y., Cederholm, T., Landi, F., Martin, F.C., Michel, J.-P., Rolland, Y., Schneider, S.M., et al. (2010). Sarcopenia: European consensus on definition and diagnosis: Report of the European Working Group on Sarcopenia in Older People. Age Ageing *39*, 412–423.

Csordás, G., Thomas, A.P., and Hajnóczky, G. (1999). Quasi-synaptic calcium signal transmission between endoplasmic reticulum and mitochondria. EMBO J. *18*, 96–108.

Csordás, G., Renken, C., Várnai, P., Walter, L., Weaver, D., Buttle, K.F., Balla, T., Mannella, C.A., and Hajnóczky, G. (2006). Structural and functional features and significance of the physical linkage between ER and mitochondria. J. Cell Biol. *174*, 915–921.

Csordás, G., Várnai, P., Golenár, T., Roy, S., Purkins, G., Schneider, T.G., Balla, T., and Hajnóczky, G. (2010). Imaging interorganelle contacts and local calcium dynamics at the ER-mitochondrial interface. Mol. Cell *39*, 121–132.

Cuthbertson, D.J., Babraj, J.A., Mustard, K.J.W., Towler, M.C., Green, K.A., Wackerhage, H., Leese, G.P., Baar, K., Thomason-Hughes, M., Sutherland, C., et al. (2007). 5-aminoimidazole-4-carboxamide 1-beta-D-ribofuranoside acutely stimulates skeletal muscle 2-deoxyglucose uptake in healthy men. Diabetes *56*, 2078–2084.

Decuypere, J.-P., Monaco, G., Bultynck, G., Missiaen, L., De Smedt, H., and Parys, J.B. (2011a). The IP(3) receptor-mitochondria connection in apoptosis and autophagy. Biochim. Biophys. Acta *1813*, 1003–1013.

Decuypere, J.-P., Monaco, G., Missiaen, L., De Smedt, H., Parys, J.B., and Bultynck, G. (2011b). IP(3) Receptors, Mitochondria, and Ca Signaling: Implications for Aging. J. Aging Res. *2011*, 920178.

Deegan, S., Saveljeva, S., Gorman, A.M., and Samali, A. (2013). Stress-induced self-cannibalism: on the regulation of autophagy by endoplasmic reticulum stress. Cell. Mol. Life Sci. CMLS *70*, 2425–2441.

Deldicque, L., Hespel, P., and Francaux, M. (2012). Endoplasmic reticulum stress in skeletal muscle: origin and metabolic consequences. Exerc. Sport Sci. Rev. *40*, 43–49.

Demaurex, N., and Distelhorst, C. (2003). Cell biology. Apoptosis--the calcium connection. Science *300*, 65–67.

Demontis, F., Piccirillo, R., Goldberg, A.L., and Perrimon, N. (2013). The influence of skeletal muscle on systemic aging and lifespan. Aging Cell.

Demoule, A., Divangahi, M., Danialou, G., Gvozdic, D., Larkin, G., Bao, W., and Petrof, B.J. (2005). Expression and regulation of CC class chemokines in the dystrophic (mdx) diaphragm. Am. J. Respir. Cell Mol. Biol. *33*, 178–185.

Deniaud, A., Sharaf el dein, O., Maillier, E., Poncet, D., Kroemer, G., Lemaire, C., and Brenner, C. (2008). Endoplasmic reticulum stress induces calcium-dependent permeability transition, mitochondrial outer membrane permeabilization and apoptosis. Oncogene *27*, 285–299.

Desagher, S., and Martinou, J.C. (2000). Mitochondria as the central control point of apoptosis. Trends Cell Biol. *10*, 369–377.

Dominy, J.E., Jr, Lee, Y., Gerhart-Hines, Z., and Puigserver, P. (2010). Nutrient-dependent regulation of PGC-1alpha's acetylation state and metabolic function through the enzymatic activities of Sirt1/GCN5. Biochim. Biophys. Acta *1804*, 1676–1683.

Dupont-Versteegden, E.E., Baldwin, R.A., McCarter, R.J., and Vonlanthen, M.G. (1994). Does muscular dystrophy affect metabolic rate? A study in mdx mice. J. Neurol. Sci. *121*, 203–207.

Durieux, A.-C., Amirouche, A., Banzet, S., Koulmann, N., Bonnefoy, R., Pasdeloup, M., Mouret, C., Bigard, X., Peinnequin, A., and Freyssenet, D. (2007). Ectopic expression of myostatin induces atrophy of adult skeletal muscle by decreasing muscle gene expression. Endocrinology *148*, 3140–3147.

Egan, D.F., Shackelford, D.B., Mihaylova, M.M., Gelino, S., Kohnz, R.A., Mair, W., Vasquez, D.S., Joshi, A., Gwinn, D.M., Taylor, R., et al. (2011). Phosphorylation of ULK1 (hATG1) by AMP-activated protein kinase connects energy sensing to mitophagy. Science *331*, 456–461.

Eghtesad, S., Jhunjhunwala, S., Little, S.R., and Clemens, P.R. (2011). Rapamycin ameliorates dystrophic phenotype in mdx mouse skeletal muscle. Mol. Med. Camb. Mass *17*, 917–924.

Enrico, O., Gabriele, B., Nadia, C., Sara, G., Daniele, V., Giulia, C., Antonio, S., and Mario, P. (2007). Unexpected cardiotoxicity in haematological bortezomib treated patients. Br. J. Haematol. *138*, 396–397.

Even, P.C., Decrouy, A., and Chinet, A. (1994). Defective regulation of energy metabolism in mdx-mouse skeletal muscles. Biochem. J. *304 (Pt 2)*, 649–654.

Fauconnier, J., Thireau, J., Reiken, S., Cassan, C., Richard, S., Matecki, S., Marks, A.R., and Lacampagne, A. (2010). Leaky RyR2 trigger ventricular arrhythmias in Duchenne muscular dystrophy. Proc. Natl. Acad. Sci. U. S. A. *107*, 1559–1564.

Fillmore, N., Jacobs, D.L., Mills, D.B., Winder, W.W., and Hancock, C.R. (2010). Chronic AMP-activated protein kinase activation and a high-fat diet have an additive effect on mitochondria in rat skeletal muscle. J. Appl. Physiol. Bethesda Md 1985 *109*, 511–520.

Fong, P.Y., Turner, P.R., Denetclaw, W.F., and Steinhardt, R.A. (1990). Increased activity of calcium leak channels in myotubes of Duchenne human and mdx mouse origin. Science *250*, 673–676.

Fouillet, A., Levet, C., Virgone, A., Robin, M., Dourlen, P., Rieusset, J., Belaidi, E., Ovize, M., Touret, M., Nataf, S., et al. (2012). ER stress inhibits neuronal death by promoting autophagy. Autophagy *8*, 915–926.

Frey, T.G., and Mannella, C.A. (2000). The internal structure of mitochondria. Trends Biochem. Sci. *25*, 319–324.

Frontera, W.R., Hughes, V.A., Lutz, K.J., and Evans, W.J. (1991). A cross-sectional study of muscle strength and mass in 45- to 78-yr-old men and women. J. Appl. Physiol. Bethesda Md 1985 *71*, 644–650.

Gailly, P. (2002). New aspects of calcium signaling in skeletal muscle cells: implications in Duchenne muscular dystrophy. Biochim. Biophys. Acta *1600*, 38–44.

Galán, M., Kassan, M., Choi, S.-K., Partyka, M., Trebak, M., Henrion, D., and Matrougui, K. (2012). A novel role for epidermal growth factor receptor tyrosine kinase and its downstream endoplasmic reticulum stress in cardiac damage and microvascular dysfunction in type 1 diabetes mellitus. Hypertension *60*, 71–80.

Galluzzi, L., Kepp, O., Trojel-Hansen, C., and Kroemer, G. (2012). Mitochondrial control of cellular life, stress, and death. Circ. Res. *111*, 1198–1207.

Gayraud, J., Matecki, S., Hnia, K., Mornet, D., Prefaut, C., Mercier, J., Michel, A., and Ramonatxo, M. (2007). Ventilation during air breathing and in response to hypercapnia in 5 and 16 month-old mdx and C57 mice. J. Muscle Res. Cell Motil. *28*, 29–37.

Geisler, S., Holmström, K.M., Skujat, D., Fiesel, F.C., Rothfuss, O.C., Kahle, P.J., and Springer, W. (2010). PINK1/Parkin-mediated mitophagy is dependent on VDAC1 and p62/SQSTM1. Nat. Cell Biol. *12*, 119–131.

Giannesini, B., Vilmen, C., Amthor, H., Bernard, M., and Bendahan, D. (2013). Lack of myostatin impairs mechanical performance and ATP cost of contraction in exercising mouse gastrocnemius muscle in vivo. Am. J. Physiol. Endocrinol. Metab. *305*, E33–40.

Gillis, J.M. (1997). Inhibition of mitochondrial calcium uptake slows down relaxation in mitochondria-rich skeletal muscles. J. Muscle Res. Cell Motil. *18*, 473–483.

Giorgi, C., De Stefani, D., Bononi, A., Rizzuto, R., and Pinton, P. (2009). Structural and functional link between the mitochondrial network and the endoplasmic reticulum. Int. J. Biochem. Cell Biol. *41*, 1817–1827.

Girgenrath, S., Song, K., and Whittemore, L.-A. (2005). Loss of myostatin expression alters fiber-type distribution and expression of myosin heavy chain isoforms in slow- and fast-type skeletal muscle. Muscle Nerve *31*, 34–40.

Godin, R., Daussin, F., Matecki, S., Li, T., Petrof, B.J., and Burelle, Y. (2012). Peroxisome proliferator-activated receptor γ coactivator1- gene α transfer restores mitochondrial biomass and improves mitochondrial calcium handling in post-necrotic mdx mouse skeletal muscle. J. Physiol. *590*, 5487–5502.

Gonzalez-Cadavid, N.F., Taylor, W.E., Yarasheski, K., Sinha-Hikim, I., Ma, K., Ezzat, S., Shen, R., Lalani, R., Asa, S., Mamita, M., et al. (1998). Organization of the human myostatin gene and expression in healthy men and HIV-infected men with muscle wasting. Proc. Natl. Acad. Sci. U. S. A. *95*, 14938–14943.

Green, D.R., and Kroemer, G. (2004). The pathophysiology of mitochondrial cell death. Science *305*, 626–629.

Greer, E.L., Oskoui, P.R., Banko, M.R., Maniar, J.M., Gygi, M.P., Gygi, S.P., and Brunet, A. (2007). The energy sensor AMP-activated protein kinase directly regulates the mammalian FOXO3 transcription factor. J. Biol. Chem. *282*, 30107–30119.

Grobet, L., Pirottin, D., Farnir, F., Poncelet, D., Royo, L.J., Brouwers, B., Christians, E., Desmecht, D., Coignoul, F., Kahn, R., et al. (2003). Modulating skeletal muscle mass by postnatal, muscle-specific inactivation of the myostatin gene. Genes. New York N 2000 *35*, 227–238.

Grumati, P., Coletto, L., Sabatelli, P., Cescon, M., Angelin, A., Bertaggia, E., Blaauw, B., Urciuolo, A., Tiepolo, T., Merlini, L., et al. (2010). Autophagy is defective in collagen VI muscular dystrophies, and its reactivation rescues myofiber degeneration. Nat. Med. *16*, 1313–1320.

Grumati, P., Coletto, L., Schiavinato, A., Castagnaro, S., Bertaggia, E., Sandri, M., and Bonaldo, P. (2011). Physical exercise stimulates autophagy in normal skeletal muscles but is detrimental for collagen VI-deficient muscles. Autophagy *7*, 1415–1423.

Gunter, T.E., and Pfeiffer, D.R. (1990). Mechanisms by which mitochondria transport calcium. Am. J. Physiol. *258*, C755–786.

Gurd, B.J. (2011). Deacetylation of PGC-1α by SIRT1: importance for skeletal muscle function and exercise-induced mitochondrial biogenesis. Appl. Physiol. Nutr. Metab. Physiol. Appliquée Nutr. Métabolisme *36*, 589–597.

Hajnóczky, G., Csordás, G., Madesh, M., and Pacher, P. (2000a). Control of apoptosis by IP(3) and ryanodine receptor driven calcium signals. Cell Calcium *28*, 349–363.

Hajnóczky, G., Csordás, G., Krishnamurthy, R., and Szalai, G. (2000b). Mitochondrial calcium signaling driven by the IP3 receptor. J. Bioenerg. Biomembr. *32*, 15–25.

Hajnóczky, G., Csordás, G., Madesh, M., and Pacher, P. (2000c). The machinery of local Ca2+ signalling between sarco-endoplasmic reticulum and mitochondria. J. Physiol. *529 Pt 1*, 69–81.

Han, X.-J., Lu, Y.-F., Li, S.-A., Kaitsuka, T., Sato, Y., Tomizawa, K., Nairn, A.C., Takei, K., Matsui, H., and Matsushita, M. (2008). CaM kinase I alpha-induced phosphorylation of Drp1 regulates mitochondrial morphology. J. Cell Biol. *182*, 573–585.

Handschin, C., Rhee, J., Lin, J., Tarr, P.T., and Spiegelman, B.M. (2003). An autoregulatory loop controls peroxisome proliferator-activated receptor gamma coactivator 1alpha expression in muscle. Proc. Natl. Acad. Sci. U. S. A. *100*, 7111–7116.

Handschin, C., Chin, S., Li, P., Liu, F., Maratos-Flier, E., Lebrasseur, N.K., Yan, Z., and Spiegelman, B.M. (2007a). Skeletal muscle fiber-type switching, exercise intolerance, and myopathy in PGC-1alpha muscle-specific knock-out animals. J. Biol. Chem. *282*, 30014–30021.

Handschin, C., Kobayashi, Y.M., Chin, S., Seale, P., Campbell, K.P., and Spiegelman, B.M. (2007b). PGC-1alpha regulates the neuromuscular junction program and ameliorates Duchenne muscular dystrophy. Genes Dev. *21*, 770–783.

Hansford, R.G., and Zorov, D. (1998). Role of mitochondrial calcium transport in the control of substrate oxidation. Mol. Cell. Biochem. *184*, 359–369.

Hardie, D.G. (2007). AMP-activated protein kinase as a drug target. Annu. Rev. Pharmacol. Toxicol. *47*, 185–210.

Harding, H.P., Zhang, Y., Bertolotti, A., Zeng, H., and Ron, D. (2000). Perk is essential for translational regulation and cell survival during the unfolded protein response. Mol. Cell *5*, 897–904.

Haworth, R.A., and Hunter, D.R. (1979). The Ca2+-induced membrane transition in mitochondria. II. Nature of the Ca2+ trigger site. Arch. Biochem. Biophys. *195*, 460–467.

Hayashi-Nishino, M., Fujita, N., Noda, T., Yamaguchi, A., Yoshimori, T., and Yamamoto, A. (2009). A subdomain of the endoplasmic reticulum forms a cradle for autophagosome formation. Nat. Cell Biol. *11*, 1433–1437.

Hayot, M., Rodriguez, J., Vernus, B., Carnac, G., Jean, E., Allen, D., Goret, L., Obert, P., Candau, R., and Bonnieu, A. (2011). Myostatin up-regulation is associated with the skeletal muscle response to hypoxic stimuli. Mol. Cell. Endocrinol. *332*, 38–47.

He, C., and Levine, B. (2010). The Beclin 1 interactome. Curr. Opin. Cell Biol. *22*, 140–149.

He, C., Bassik, M.C., Moresi, V., Sun, K., Wei, Y., Zou, Z., An, Z., Loh, J., Fisher, J., Sun, Q., et al. (2012a). Exercise-induced BCL2-regulated autophagy is required for muscle glucose homeostasis. Nature *481*, 511–515.

He, C., Bassik, M.C., Moresi, V., Sun, K., Wei, Y., Zou, Z., An, Z., Loh, J., Fisher, J., Sun, Q., et al. (2012b). Exercise-induced BCL2-regulated autophagy is required for muscle glucose homeostasis. Nature *481*, 511–515.

Hetz, C., Thielen, P., Matus, S., Nassif, M., Court, F., Kiffin, R., Martinez, G., Cuervo, A.M., Brown, R.H., and Glimcher, L.H. (2009). XBP-1 deficiency in the nervous system protects against amyotrophic lateral sclerosis by increasing autophagy. Genes Dev. *23*, 2294–2306.

Hiona, A., and Leeuwenburgh, C. (2008). The role of mitochondrial DNA mutations in aging and sarcopenia: implications for the mitochondrial vicious cycle theory of aging. Exp. Gerontol. *43*, 24–33.

Hipkiss, A.R. (2010). Mitochondrial dysfunction, proteotoxicity, and aging: causes or effects, and the possible impact of NAD+-controlled protein glycation. Adv. Clin. Chem. *50*, 123–150.

Hollinger, K., Gardan-Salmon, D., Santana, C., Rice, D., Snella, E., and Selsby, J.T. (2013). Rescue of dystrophic skeletal muscle by PGC-1α involves restored expression of dystrophin-associated protein complex components and satellite cell signaling. Am. J. Physiol. Regul. Integr. Comp. Physiol. *305*, R13–23.

Holloszy, J.O. (1967). Biochemical adaptations in muscle. Effects of exercise on mitochondrial oxygen uptake and respiratory enzyme activity in skeletal muscle. J. Biol. Chem. *242*, 2278–2282.

Holloszy, J.O., and Coyle, E.F. (1984). Adaptations of skeletal muscle to endurance exercise and their metabolic consequences. J. Appl. Physiol. *56*, 831–838.

Hoogaars, W.M.H., Mouisel, E., Pasternack, A., Hulmi, J.J., Relizani, K., Schuelke, M., Schirwis, E., Garcia, L., Ritvos, O., Ferry, A., et al. (2012). Combined effect of AAV-U7-induced dystrophin exon skipping and soluble activin Type IIB receptor in mdx mice. Hum. Gene Ther. *23*, 1269–1279.

Hori, Y.S., Kuno, A., Hosoda, R., Tanno, M., Miura, T., Shimamoto, K., and Horio, Y. (2011). Resveratrol ameliorates muscular pathology in the dystrophic mdx mouse, a model for Duchenne muscular dystrophy. J. Pharmacol. Exp. Ther. *338*, 784–794.

Hotamisligil, G.S. (2010). Endoplasmic reticulum stress and the inflammatory basis of metabolic disease. Cell *140*, 900–917.

Hotchkiss, R.S., Strasser, A., McDunn, J.E., and Swanson, P.E. (2009). Cell death. N. Engl. J. Med. *361*, 1570–1583.

Hughes, V.A., Frontera, W.R., Wood, M., Evans, W.J., Dallal, G.E., Roubenoff, R., and Fiatarone Singh, M.A. (2001). Longitudinal muscle strength changes in older adults: influence of muscle mass, physical activity, and health. J. Gerontol. A. Biol. Sci. Med. Sci. *56*, B209–217.

Ikezoe, K., Nakamori, M., Furuya, H., Arahata, H., Kanemoto, S., Kimura, T., Imaizumi, K., Takahashi, M.P., Sakoda, S., Fujii, N., et al. (2007). Endoplasmic reticulum stress in myotonic dystrophy type 1 muscle. Acta Neuropathol. (Berl.) *114*, 527–535.

Iqbal, S., Ostojic, O., Singh, K., Joseph, A.-M., and Hood, D.A. (2013). Expression of mitochondrial fission and fusion regulatory proteins in skeletal muscle during chronic use and disuse. Muscle Nerve.

Jackson, M.F., Luong, D., Vang, D.D., Garikipati, D.K., Stanton, J.B., Nelson, O.L., and Rodgers, B.D. (2012). The aging myostatin null phenotype: reduced adiposity, cardiac hypertrophy, enhanced cardiac stress response, and sexual dimorphism. J. Endocrinol. *213*, 263–275.

Jacobs, K.M., Pennington, J.D., Bisht, K.S., Aykin-Burns, N., Kim, H.-S., Mishra, M., Sun, L., Nguyen, P., Ahn, B.-H., Leclerc, J., et al. (2008). SIRT3 interacts with the daf-16 homolog FOXO3a in the mitochondria, as well as increases FOXO3a dependent gene expression. Int. J. Biol. Sci. *4*, 291–299.

Jäger, S., Handschin, C., St-Pierre, J., and Spiegelman, B.M. (2007). AMP-activated protein kinase (AMPK) action in skeletal muscle via direct phosphorylation of PGC-1alpha. Proc. Natl. Acad. Sci. U. S. A. *104*, 12017–12022.

Jamart, C., Raymackers, J.-M., Li An, G., Deldicque, L., and Francaux, M. (2011). Prevention of muscle disuse atrophy by MG132 proteasome inhibitor. Muscle Nerve *43*, 708–716.

Johannsen, D.L., Conley, K.E., Bajpeyi, S., Punyanitya, M., Gallagher, D., Zhang, Z., Covington, J., Smith, S.R., and Ravussin, E. (2012). Ectopic lipid accumulation and reduced glucose tolerance in elderly adults are accompanied by altered skeletal muscle mitochondrial activity. J. Clin. Endocrinol. Metab. *97*, 242–250.

Joiner, M.-L.A., Koval, O.M., Li, J., He, B.J., Allamargot, C., Gao, Z., Luczak, E.D., Hall, D.D., Fink, B.D., Chen, B., et al. (2012). CaMKII determines mitochondrial stress responses in heart. Nature *491*, 269–273.

Jørgensen, S.B., Treebak, J.T., Viollet, B., Schjerling, P., Vaulont, S., Wojtaszewski, J.F.P., and Richter, E.A. (2007). Role of AMPKalpha2 in basal, training-, and AICAR-induced GLUT4, hexokinase II, and mitochondrial protein expression in mouse muscle. Am. J. Physiol. Endocrinol. Metab. *292*, E331–339.

Kaczor, J.J., Hall, J.E., Payne, E., and Tarnopolsky, M.A. (2007). Low intensity training decreases markers of oxidative stress in skeletal muscle of mdx mice. Free Radic. Biol. Med. *43*, 145–154.

Kaeberlein, M., Jegalian, B., and McVey, M. (2002). AGEID: a database of aging genes and interventions. Mech. Ageing Dev. *123*, 1115–1119.

Kelly, D.P., and Scarpulla, R.C. (2004). Transcriptional regulatory circuits controlling mitochondrial biogenesis and function. Genes Dev. *18*, 357–368.

Khairallah, M., Khairallah, R.J., Young, M.E., Allen, B.G., Gillis, M.A., Danialou, G., Deschepper, C.F., Petrof, B.J., and Des Rosiers, C. (2008). Sildenafil and cardiomyocyte-specific cGMP signaling prevent cardiomyopathic changes associated with dystrophin deficiency. Proc. Natl. Acad. Sci. U. S. A. *105*, 7028–7033.

Kieny, P., Chollet, S., Delalande, P., Le Fort, M., Magot, A., Pereon, Y., and Perrouin Verbe, B. (2013). Evolution of life expectancy of patients with Duchenne muscular dystrophy at AFM Yolaine de Kepper centre between 1981 and 2011. Ann. Phys. Rehabil. Med.

Kim, H.-R., Kim, M.-S., Kwon, D.-Y., Chae, S.-W., and Chae, H.-J. (2008). Bosellia serrata-induced apoptosis is related with ER stress and calcium release. Genes Nutr. 2, 371–374.

Kim, J., Kundu, M., Viollet, B., and Guan, K.-L. (2011). AMPK and mTOR regulate autophagy through direct phosphorylation of Ulk1. Nat. Cell Biol. 13, 132–141.

Kirichok, Y., Krapivinsky, G., and Clapham, D.E. (2004). The mitochondrial calcium uniporter is a highly selective ion channel. Nature 427, 360–364.

Kiviluoto, S., Vervliet, T., Ivanova, H., Decuypere, J.-P., De Smedt, H., Missiaen, L., Bultynck, G., and Parys, J.B. (2013). Regulation of inositol 1,4,5-trisphosphate receptors during endoplasmic reticulum stress. Biochim. Biophys. Acta 1833, 1612–1624.

Kline, W.O., Panaro, F.J., Yang, H., and Bodine, S.C. (2007). Rapamycin inhibits the growth and muscle-sparing effects of clenbuterol. J. Appl. Physiol. Bethesda Md 1985 102, 740–747.

Knowlton, A.A., Chen, L., and Malik, Z.A. (2013). Heart Failure and Mitochondrial Dysfunction: The Role of Mitochondrial Fission/Fusion Abnormalities and New Therapeutic Strategies. J. Cardiovasc. Pharmacol.

Kouroku, Y., Fujita, E., Tanida, I., Ueno, T., Isoai, A., Kumagai, H., Ogawa, S., Kaufman, R.J., Kominami, E., and Momoi, T. (2007). ER stress (PERK/eIF2alpha phosphorylation) mediates the polyglutamine-induced LC3 conversion, an essential step for autophagy formation. Cell Death Differ. 14, 230–239.

Krivickas, L.S., Walsh, R., and Amato, A.A. (2009). Single muscle fiber contractile properties in adults with muscular dystrophy treated with MYO-029. Muscle Nerve 39, 3–9.

Kroemer, G., Mariño, G., and Levine, B. (2010). Autophagy and the integrated stress response. Mol. Cell 40, 280–293.

Kuznetsov, A.V., Winkler, K., Wiedemann, F.R., von Bossanyi, P., Dietzmann, K., and Kunz, W.S. (1998). Impaired mitochondrial oxidative phosphorylation in skeletal muscle of the dystrophin-deficient mdx mouse. Mol. Cell. Biochem. 183, 87–96.

Langley, B., Thomas, M., Bishop, A., Sharma, M., Gilmour, S., and Kambadur, R. (2002). Myostatin inhibits myoblast differentiation by down-regulating MyoD expression. J. Biol. Chem. *277*, 49831–49840.

Lanner, J.T., Georgiou, D.K., Dagnino-Acosta, A., Ainbinder, A., Cheng, Q., Joshi, A.D., Chen, Z., Yarotskyy, V., Oakes, J.M., Lee, C.S., et al. (2012). AICAR prevents heat-induced sudden death in RyR1 mutant mice independent of AMPK activation. Nat. Med. *18*, 244–251.

LeBrasseur, N.K., Schelhorn, T.M., Bernardo, B.L., Cosgrove, P.G., Loria, P.M., and Brown, T.A. (2009). Myostatin inhibition enhances the effects of exercise on performance and metabolic outcomes in aged mice. J. Gerontol. A. Biol. Sci. Med. Sci. *64*, 940–948.

Lee, J.W., Park, S., Takahashi, Y., and Wang, H.-G. (2010). The association of AMPK with ULK1 regulates autophagy. PloS One *5*, e15394.

Lee, J.Y., Hopkinson, N.S., and Kemp, P.R. (2011). Myostatin induces autophagy in skeletal muscle in vitro. Biochem. Biophys. Res. Commun. *415*, 632–636.

Leick, L., Fentz, J., Biensø, R.S., Knudsen, J.G., Jeppesen, J., Kiens, B., Wojtaszewski, J.F.P., and Pilegaard, H. (2010). PGC-1{alpha} is required for AICAR-induced expression of GLUT4 and mitochondrial proteins in mouse skeletal muscle. Am. J. Physiol. Endocrinol. Metab. *299*, E456–465.

Leone, T.C., Lehman, J.J., Finck, B.N., Schaeffer, P.J., Wende, A.R., Boudina, S., Courtois, M., Wozniak, D.F., Sambandam, N., Bernal-Mizrachi, C., et al. (2005). PGC-1alpha deficiency causes multi-system energy metabolic derangements: muscle dysfunction, abnormal weight control and hepatic steatosis. PLoS Biol. *3*, e101.

Leterrier, J.F., Rusakov, D.A., Nelson, B.D., and Linden, M. (1994). Interactions between brain mitochondria and cytoskeleton: evidence for specialized outer membrane domains involved in the association of cytoskeleton-associated proteins to mitochondria in situ and in vitro. Microsc. Res. Tech. *27*, 233–261.

Levine, B., and Klionsky, D.J. (2004). Development by self-digestion: molecular mechanisms and biological functions of autophagy. Dev. Cell *6*, 463–477.

Li, Z., Okamoto, K.-I., Hayashi, Y., and Sheng, M. (2004). The importance of dendritic mitochondria in the morphogenesis and plasticity of spines and synapses. Cell *119*, 873–887.

Liberona, J.L., Powell, J.A., Shenoi, S., Petherbridge, L., Caviedes, R., and Jaimovich, E. (1998). Differences in both inositol 1,4,5-trisphosphate mass and inositol 1,4,5-trisphosphate receptors between normal and dystrophic skeletal muscle cell lines. Muscle Nerve *21*, 902–909.

Lin, J., Wu, H., Tarr, P.T., Zhang, C.-Y., Wu, Z., Boss, O., Michael, L.F., Puigserver, P., Isotani, E., Olson, E.N., et al. (2002). Transcriptional co-activator PGC-1 alpha drives the formation of slow-twitch muscle fibres. Nature *418*, 797–801.

Lin, J., Wu, P.-H., Tarr, P.T., Lindenberg, K.S., St-Pierre, J., Zhang, C.-Y., Mootha, V.K., Jäger, S., Vianna, C.R., Reznick, R.M., et al. (2004). Defects in adaptive energy metabolism with CNS-linked hyperactivity in PGC-1alpha null mice. Cell *119*, 121–135.

Lipina, C., Kendall, H., McPherron, A.C., Taylor, P.M., and Hundal, H.S. (2010). Mechanisms involved in the enhancement of mammalian target of rapamycin signalling and hypertrophy in skeletal muscle of myostatin-deficient mice. FEBS Lett. *584*, 2403–2408.

Lira, V.A., Soltow, Q.A., Long, J.H.D., Betters, J.L., Sellman, J.E., and Criswell, D.S. (2007). Nitric oxide increases GLUT4 expression and regulates AMPK signaling in skeletal muscle. Am. J. Physiol. Endocrinol. Metab. *293*, E1062–1068.

Lira, V.A., Brown, D.L., Lira, A.K., Kavazis, A.N., Soltow, Q.A., Zeanah, E.H., and Criswell, D.S. (2010). Nitric oxide and AMPK cooperatively regulate PGC-1 in skeletal muscle cells. J. Physiol. *588*, 3551–3566.

Liu, L., Wise, D.R., Diehl, J.A., and Simon, M.C. (2008). Hypoxic reactive oxygen species regulate the integrated stress response and cell survival. J. Biol. Chem. *283*, 31153–31162.

Ljubicic, V., Khogali, S., Renaud, J.-M., and Jasmin, B.J. (2012). Chronic AMPK stimulation attenuates adaptive signaling in dystrophic skeletal muscle. Am. J. Physiol. Cell Physiol. *302*, C110–121.

Madaro, L., Marrocco, V., Carnio, S., Sandri, M., and Bouché, M. (2013). Intracellular signaling in ER stress-induced autophagy in skeletal muscle cells. FASEB J. Off. Publ. Fed. Am. Soc. Exp. Biol. *27*, 1990–2000.

Maiuri, M.C., Criollo, A., Tasdemir, E., Vicencio, J.M., Tajeddine, N., Hickman, J.A., Geneste, O., and Kroemer, G. (2007). BH3-only proteins and BH3 mimetics induce autophagy by competitively disrupting the interaction between Beclin 1 and Bcl-2/Bcl-X(L). Autophagy 3, 374–376.

Mannella, C.A., and Bonner, W.D., Jr (1975). X-ray diffraction from oriented outer mitochondrial membranes. Detection of in-plane subunit structure. Biochim. Biophys. Acta 413, 226–233.

Marquis, K., Debigaré, R., Lacasse, Y., LeBlanc, P., Jobin, J., Carrier, G., and Maltais, F. (2002). Midthigh muscle cross-sectional area is a better predictor of mortality than body mass index in patients with chronic obstructive pulmonary disease. Am. J. Respir. Crit. Care Med. 166, 809–813.

Marsh, B.J., Mastronarde, D.N., Buttle, K.F., Howell, K.E., and McIntosh, J.R. (2001). Organellar relationships in the Golgi region of the pancreatic beta cell line, HIT-T15, visualized by high resolution electron tomography. Proc. Natl. Acad. Sci. U. S. A. 98, 2399–2406.

Marzetti, E., Hwang, J.C.Y., Lees, H.A., Wohlgemuth, S.E., Dupont-Versteegden, E.E., Carter, C.S., Bernabei, R., and Leeuwenburgh, C. (2010). Mitochondrial death effectors: relevance to sarcopenia and disuse muscle atrophy. Biochim. Biophys. Acta 1800, 235–244.

Marzetti, E., Calvani, R., Cesari, M., Buford, T.W., Lorenzi, M., Behnke, B.J., and Leeuwenburgh, C. (2013). Mitochondrial dysfunction and sarcopenia of aging: From signaling pathways to clinical trials. Int. J. Biochem. Cell Biol. 45, 2288–2301.

Marzo, I., Brenner, C., and Kroemer, G. (1998). The central role of the mitochondrial megachannel in apoptosis: evidence obtained with intact cells, isolated mitochondria, and purified protein complexes. Biomed. Pharmacother. Biomédecine Pharmacothérapie 52, 248–251.

Masiero, E., Agatea, L., Mammucari, C., Blaauw, B., Loro, E., Komatsu, M., Metzger, D., Reggiani, C., Schiaffino, S., and Sandri, M. (2009). Autophagy is required to maintain muscle mass. Cell Metab. 10, 507–515.

Matsakas, A., Macharia, R., Otto, A., Elashry, M.I., Mouisel, E., Romanello, V., Sartori, R., Amthor, H., Sandri, M., Narkar, V., et al. (2012). Exercise training attenuates the hypermuscular phenotype and restores skeletal muscle function in the myostatin null mouse. Exp. Physiol. *97*, 125–140.

Mazure, N.M., and Pouysségur, J. (2010). Hypoxia-induced autophagy: cell death or cell survival? Curr. Opin. Cell Biol. *22*, 177–180.

McCroskery, S., Thomas, M., Maxwell, L., Sharma, M., and Kambadur, R. (2003). Myostatin negatively regulates satellite cell activation and self-renewal. J. Cell Biol. *162*, 1135–1147.

McKinsey, T.A., Zhang, C.L., and Olson, E.N. (2002). MEF2: a calcium-dependent regulator of cell division, differentiation and death. Trends Biochem. Sci. *27*, 40–47.

McPherron, A.C., Lawler, A.M., and Lee, S.J. (1997). Regulation of skeletal muscle mass in mice by a new TGF-beta superfamily member. Nature *387*, 83–90.

Meijer, A.J., and Codogno, P. (2007). AMP-activated protein kinase and autophagy. Autophagy *3*, 238–240.

Mendias, C.L., Marcin, J.E., Calerdon, D.R., and Faulkner, J.A. (2006). Contractile properties of EDL and soleus muscles of myostatin-deficient mice. J. Appl. Physiol. Bethesda Md 1985 *101*, 898–905.

Merrill, G.F., Kurth, E.J., Hardie, D.G., and Winder, W.W. (1997). AICA riboside increases AMP-activated protein kinase, fatty acid oxidation, and glucose uptake in rat muscle. Am. J. Physiol. *273*, E1107–1112.

Mihaylova, M.M., and Shaw, R.J. (2011). The AMPK signalling pathway coordinates cell growth, autophagy and metabolism. Nat. Cell Biol. *13*, 1016–1023.

Millay, D.P., Sargent, M.A., Osinska, H., Baines, C.P., Barton, E.R., Vuagniaux, G., Sweeney, H.L., Robbins, J., and Molkentin, J.D. (2008). Genetic and pharmacologic inhibition of mitochondrial-dependent necrosis attenuates muscular dystrophy. Nat. Med. *14*, 442–447.

Morissette, M.R., Stricker, J.C., Rosenberg, M.A., Buranasombati, C., Levitan, E.B., Mittleman, M.A., and Rosenzweig, A. (2009). Effects of myostatin deletion in aging mice. Aging Cell *8*, 573–583.

Moschella, M.C., Watras, J., Jayaraman, T., and Marks, A.R. (1995). Inositol 1,4,5-trisphosphate receptor in skeletal muscle: differential expression in myofibres. J. Muscle Res. Cell Motil. *16*, 390–400.

Al-Mousa, F., and Michelangeli, F. (2009). Commonly used ryanodine receptor activator, 4-chloro-m-cresol (4CmC), is also an inhibitor of SERCA Ca2+ pumps. Pharmacol. Reports PR *61*, 838–842.

Muller, C., Salvayre, R., Nègre-Salvayre, A., and Vindis, C. (2011a). HDLs inhibit endoplasmic reticulum stress and autophagic response induced by oxidized LDLs. Cell Death Differ. *18*, 817–828.

Muller, C., Salvayre, R., Nègre-Salvayre, A., and Vindis, C. (2011b). Oxidized LDLs trigger endoplasmic reticulum stress and autophagy: prevention by HDLs. Autophagy *7*, 541–543.

Muller, C., Bandemer, J., Vindis, C., Camaré, C., Mucher, E., Guéraud, F., Larroque-Cardoso, P., Bernis, C., Auge, N., Salvayre, R., et al. (2013). Protein disulfide isomerase modification and inhibition contribute to ER stress and apoptosis induced by oxidized low density lipoproteins. Antioxidants Redox Signal. *18*, 731–742.

Muller, F.L., Song, W., Jang, Y.C., Liu, Y., Sabia, M., Richardson, A., and Van Remmen, H. (2007). Denervation-induced skeletal muscle atrophy is associated with increased mitochondrial ROS production. Am. J. Physiol. Regul. Integr. Comp. Physiol. *293*, R1159–1168.

Murphy, K.T., Koopman, R., Naim, T., Léger, B., Trieu, J., Ibebunjo, C., and Lynch, G.S. (2010). Antibody-directed myostatin inhibition in 21-mo-old mice reveals novel roles for myostatin signaling in skeletal muscle structure and function. FASEB J. Off. Publ. Fed. Am. Soc. Exp. Biol. *24*, 4433–4442.

Naidoo, N., Ferber, M., Master, M., Zhu, Y., and Pack, A.I. (2008). Aging impairs the unfolded protein response to sleep deprivation and leads to proapoptotic signaling. J. Neurosci. Off. J. Soc. Neurosci. *28*, 6539–6548.

Narendra, D.P., Jin, S.M., Tanaka, A., Suen, D.-F., Gautier, C.A., Shen, J., Cookson, M.R., and Youle, R.J. (2010). PINK1 is selectively stabilized on impaired mitochondria to activate Parkin. PLoS Biol. *8*, e1000298.

Narkar, V.A., Downes, M., Yu, R.T., Embler, E., Wang, Y.-X., Banayo, E., Mihaylova, M.M., Nelson, M.C., Zou, Y., Juguilon, H., et al. (2008). AMPK and PPARdelta agonists are exercise mimetics. Cell *134*, 405–415.

Naya, F.J., Black, B.L., Wu, H., Bassel-Duby, R., Richardson, J.A., Hill, J.A., and Olson, E.N. (2002). Mitochondrial deficiency and cardiac sudden death in mice lacking the MEF2A transcription factor. Nat. Med. *8*, 1303–1309.

Nemoto, S., Fergusson, M.M., and Finkel, T. (2005). SIRT1 functionally interacts with the metabolic regulator and transcriptional coactivator PGC-1{alpha}. J. Biol. Chem. *280*, 16456–16460.

Ogata, T., and Yamasaki, Y. (1985). Scanning electron-microscopic studies on the three-dimensional structure of mitochondria in the mammalian red, white and intermediate muscle fibers. Cell Tissue Res. *241*, 251–256.

Ogata, M., Hino, S., Saito, A., Morikawa, K., Kondo, S., Kanemoto, S., Murakami, T., Taniguchi, M., Tanii, I., Yoshinaga, K., et al. (2006). Autophagy is activated for cell survival after endoplasmic reticulum stress. Mol. Cell. Biol. *26*, 9220–9231.

Okamoto, K., and Shaw, J.M. (2005). Mitochondrial morphology and dynamics in yeast and multicellular eukaryotes. Annu. Rev. Genet. *39*, 503–536.

Orrenius, S., Zhivotovsky, B., and Nicotera, P. (2003). Regulation of cell death: the calcium-apoptosis link. Nat. Rev. Mol. Cell Biol. *4*, 552–565.

Ozcan, U., Cao, Q., Yilmaz, E., Lee, A.-H., Iwakoshi, N.N., Ozdelen, E., Tuncman, G., Görgün, C., Glimcher, L.H., and Hotamisligil, G.S. (2004). Endoplasmic reticulum stress links obesity, insulin action, and type 2 diabetes. Science *306*, 457–461.

Pallafacchina, G., Calabria, E., Serrano, A.L., Kalhovde, J.M., and Schiaffino, S. (2002). A protein kinase B-dependent and rapamycin-sensitive pathway controls skeletal muscle growth but not fiber type specification. Proc. Natl. Acad. Sci. U. S. A. *99*, 9213–9218.

Palma, E., Tiepolo, T., Angelin, A., Sabatelli, P., Maraldi, N.M., Basso, E., Forte, M.A., Bernardi, P., and Bonaldo, P. (2009). Genetic ablation of cyclophilin D rescues mitochondrial defects and prevents muscle apoptosis in collagen VI myopathic mice. Hum. Mol. Genet. *18*, 2024–2031.

De Palma, C., Morisi, F., Cheli, S., Pambianco, S., Cappello, V., Vezzoli, M., Rovere-Querini, P., Moggio, M., Ripolone, M., Francolini, M., et al. (2012). Autophagy as a new therapeutic target in Duchenne muscular dystrophy. Cell Death Dis. *3*, e418.

Pankiv, S., Clausen, T.H., Lamark, T., Brech, A., Bruun, J.-A., Outzen, H., Øvervatn, A., Bjørkøy, G., and Johansen, T. (2007). p62/SQSTM1 binds directly to Atg8/LC3 to facilitate degradation of ubiquitinated protein aggregates by autophagy. J. Biol. Chem. *282*, 24131–24145.

Park, H., Kaushik, V.K., Constant, S., Prentki, M., Przybytkowski, E., Ruderman, N.B., and Saha, A.K. (2002). Coordinate regulation of malonyl-CoA decarboxylase, sn-glycerol-3-phosphate acyltransferase, and acetyl-CoA carboxylase by AMP-activated protein kinase in rat tissues in response to exercise. J. Biol. Chem. *277*, 32571–32577.

Patel, K., Macharia, R., and Amthor, H. (2005). Molecular mechanisms involving IGF-1 and myostatin to induce muscle hypertrophy as a therapeutic strategy for Duchenne muscular dystrophy. Acta Myol. Myopathies Cardiomyopathies Off. J. Mediterr. Soc. Myol. Ed. Gaetano Conte Acad. Study Striated Muscle Dis. *24*, 230–241.

Pattingre, S., Tassa, A., Qu, X., Garuti, R., Liang, X.H., Mizushima, N., Packer, M., Schneider, M.D., and Levine, B. (2005). Bcl-2 antiapoptotic proteins inhibit Beclin 1-dependent autophagy. Cell *122*, 927–939.

Pattingre, S., Bauvy, C., Carpentier, S., Levade, T., Levine, B., and Codogno, P. (2009). Role of JNK1-dependent Bcl-2 phosphorylation in ceramide-induced macroautophagy. J. Biol. Chem. *284*, 2719–2728.

Pauly, M., Daussin, F., Burelle, Y., Li, T., Godin, R., Fauconnier, J., Koechlin-Ramonatxo, C., Hugon, G., Lacampagne, A., Coisy-Quivy, M., et al. (2012). AMPK Activation Stimulates Autophagy and Ameliorates Muscular Dystrophy in the mdx Mouse Diaphragm. Am. J. Pathol. *181*, 583–592.

Perkins, G.A., Renken, C.W., Song, J.Y., Frey, T.G., Young, S.J., Lamont, S., Martone, M.E., Lindsey, S., and Ellisman, M.H. (1997). Electron tomography of large, multicomponent biological structures. J. Struct. Biol. *120*, 219–227.

Peterson, C.M., Johannsen, D.L., and Ravussin, E. (2012). Skeletal muscle mitochondria and aging: a review. J. Aging Res. *2012*, 194821.

Petrof, B.J. (2002). Molecular pathophysiology of myofiber injury in deficiencies of the dystrophin-glycoprotein complex. Am. J. Phys. Med. Rehabil. Assoc. Acad. Physiatr. *81*, S162–174.

Petrof, B.J., Stedman, H.H., Shrager, J.B., Eby, J., Sweeney, H.L., and Kelly, A.M. (1993). Adaptations in myosin heavy chain expression and contractile function in dystrophic mouse diaphragm. Am. J. Physiol. *265*, C834–841.

Picard, M., Ritchie, D., Wright, K.J., Romestaing, C., Thomas, M.M., Rowan, S.L., Taivassalo, T., and Hepple, R.T. (2010). Mitochondrial functional impairment with aging is exaggerated in isolated mitochondria compared to permeabilized myofibers. Aging Cell *9*, 1032–1046.

Picard, M., Ritchie, D., Thomas, M.M., Wright, K.J., and Hepple, R.T. (2011). Alterations in intrinsic mitochondrial function with aging are fiber type-specific and do not explain differential atrophy between muscles. Aging Cell *10*, 1047–1055.

Pilegaard, H., Saltin, B., and Neufer, P.D. (2003). Exercise induces transient transcriptional activation of the PGC-1alpha gene in human skeletal muscle. J. Physiol. *546*, 851–858.

Pinton, P., Giorgi, C., Siviero, R., Zecchini, E., and Rizzuto, R. (2008). Calcium and apoptosis: ER-mitochondria Ca2+ transfer in the control of apoptosis. Oncogene *27*, 6407–6418.

Ploquin, C., Chabi, B., Fouret, G., Vernus, B., Feillet-Coudray, C., Coudray, C., Bonnieu, A., and Ramonatxo, C. (2012). Lack of myostatin alters intermyofibrillar mitochondria activity, unbalances redox status, and impairs tolerance to chronic repetitive contractions in muscle. Am. J. Physiol. Endocrinol. Metab. *302*, E1000–1008.

Podhorska-Okolow, M., Sandri, M., Zampieri, S., Brun, B., Rossini, K., and Carraro, U. (1998). Apoptosis of myofibres and satellite cells: exercise-induced damage in skeletal muscle of the mouse. Neuropathol. Appl. Neurobiol. *24*, 518–531.

Porter, J.D., Khanna, S., Kaminski, H.J., Rao, J.S., Merriam, A.P., Richmonds, C.R., Leahy, P., Li, J., Guo, W., and Andrade, F.H. (2002). A chronic inflammatory response dominates the skeletal muscle molecular signature in dystrophin-deficient mdx mice. Hum. Mol. Genet. *11*, 263–272.

Puigserver, P., Adelmant, G., Wu, Z., Fan, M., Xu, J., O'Malley, B., and Spiegelman, B.M. (1999). Activation of PPARgamma coactivator-1 through transcription factor docking. Science *286*, 1368–1371.

Qiang, W., Weiqiang, K., Qing, Z., Pengju, Z., and Yi, L. (2007). Aging impairs insulin-stimulated glucose uptake in rat skeletal muscle via suppressing AMPKalpha. Exp. Mol. Med. *39*, 535–543.

Rando, T.A., Disatnik, M.H., Yu, Y., and Franco, A. (1998). Muscle cells from mdx mice have an increased susceptibility to oxidative stress. Neuromuscul. Disord. NMD *8*, 14–21.

Rappaport, L., Oliviero, P., and Samuel, J.L. (1998). Cytoskeleton and mitochondrial morphology and function. Mol. Cell. Biochem. *184*, 101–105.

Rasbach, K.A., Gupta, R.K., Ruas, J.L., Wu, J., Naseri, E., Estall, J.L., and Spiegelman, B.M. (2010). PGC-1alpha regulates a HIF2alpha-dependent switch in skeletal muscle fiber types. Proc. Natl. Acad. Sci. U. S. A. *107*, 21866–21871.

Ravikumar, B., Sarkar, S., Davies, J.E., Futter, M., Garcia-Arencibia, M., Green-Thompson, Z.W., Jimenez-Sanchez, M., Korolchuk, V.I., Lichtenberg, M., Luo, S., et al. (2010). Regulation of mammalian autophagy in physiology and pathophysiology. Physiol. Rev. *90*, 1383–1435.

Reid, M.B., Khawli, F.A., and Moody, M.R. (1993). Reactive oxygen in skeletal muscle. III. Contractility of unfatigued muscle. J. Appl. Physiol. Bethesda Md 1985 *75*, 1081–1087.

Reznick, R.M., and Shulman, G.I. (2006). The role of AMP-activated protein kinase in mitochondrial biogenesis. J. Physiol. *574*, 33–39.

Reznick, R.M., Zong, H., Li, J., Morino, K., Moore, I.K., Yu, H.J., Liu, Z.-X., Dong, J., Mustard, K.J., Hawley, S.A., et al. (2007). Aging-associated reductions in AMP-activated protein kinase activity and mitochondrial biogenesis. Cell Metab. *5*, 151–156.

Rieusset, J., Fauconnier, J., Paillard, M., Belaidi, E., Tubbs, E., Chauvin, M.-A., Durand, A., Bravard, A., Teixeira, G., Bartosch, B., et al. (2012). Disruption of cyclophilin D-mediated calcium transfer from the ER to mitochondria contributes to hepatic ER stress and insulin resistance. Hepatol. Baltim. Md.

Rizzuto, R., Brini, M., Murgia, M., and Pozzan, T. (1993). Microdomains with high Ca2+ close to IP3-sensitive channels that are sensed by neighboring mitochondria. Science *262*, 744–747.

Rizzuto, R., Pinton, P., Carrington, W., Fay, F.S., Fogarty, K.E., Lifshitz, L.M., Tuft, R.A., and Pozzan, T. (1998). Close contacts with the endoplasmic reticulum as determinants of mitochondrial Ca2+ responses. Science *280*, 1763–1766.

Rizzuto, R., Bernardi, P., and Pozzan, T. (2000). Mitochondria as all-round players of the calcium game. J. Physiol. *529 Pt 1*, 37–47.

Rizzuto, R., Pinton, P., Ferrari, D., Chami, M., Szabadkai, G., Magalhães, P.J., Di Virgilio, F., and Pozzan, T. (2003). Calcium and apoptosis: facts and hypotheses. Oncogene *22*, 8619–8627.

Robert, V., Massimino, M.L., Tosello, V., Marsault, R., Cantini, M., Sorrentino, V., and Pozzan, T. (2001). Alteration in calcium handling at the subcellular level in mdx myotubes. J. Biol. Chem. *276*, 4647–4651.

Robin, G., Berthier, C., and Allard, B. (2012). Sarcoplasmic reticulum Ca2+ permeation explored from the lumen side in mdx muscle fibers under voltage control. J. Gen. Physiol. *139*, 209–218.

Rodgers, J.T., Lerin, C., Gerhart-Hines, Z., and Puigserver, P. (2008). Metabolic adaptations through the PGC-1 alpha and SIRT1 pathways. FEBS Lett. *582*, 46–53.

Rodino-Klapac, L.R., Haidet, A.M., Kota, J., Handy, C., Kaspar, B.K., and Mendell, J.R. (2009). Inhibition of myostatin with emphasis on follistatin as a therapy for muscle disease. Muscle Nerve *39*, 283–296.

Rodriguez, J., Vernus, B., Toubiana, M., Jublanc, E., Tintignac, L., Leibovitch, S., and Bonnieu, A. (2011). Myostatin inactivation increases myotube size through regulation of translational initiation machinery. J. Cell. Biochem. *112*, 3531–3542.

Romanello, V., Guadagnin, E., Gomes, L., Roder, I., Sandri, C., Petersen, Y., Milan, G., Masiero, E., Del Piccolo, P., Foretz, M., et al. (2010). Mitochondrial fission and remodelling contributes to muscle atrophy. EMBO J. *29*, 1774–1785.

Ron, D., and Walter, P. (2007). Signal integration in the endoplasmic reticulum unfolded protein response. Nat. Rev. Mol. Cell Biol. *8*, 519–529.

Rouschop, K.M.A., van den Beucken, T., Dubois, L., Niessen, H., Bussink, J., Savelkouls, K., Keulers, T., Mujcic, H., Landuyt, W., Voncken, J.W., et al. (2010). The unfolded protein response protects human tumor cells during hypoxia through regulation of the autophagy genes MAP1LC3B and ATG5. J. Clin. Invest. *120*, 127–141.

Ruby, J.R., Dyer, R.F., and Skalko, R.G. (1969). Continuities between mitochondria and endoplasmic reticulum in the mammalian ovary. Z. Für Zellforsch. Mikrosk. Anat. Vienna Austria 1948 *97*, 30–37.

Ruegg, U.T., Nicolas-Métral, V., Challet, C., Bernard-Hélary, K., Dorchies, O.M., Wagner, S., and Buetler, T.M. (2002). Pharmacological control of cellular calcium handling in dystrophic skeletal muscle. Neuromuscul. Disord. NMD *12 Suppl 1*, S155–161.

Rutkowski, D.T., Arnold, S.M., Miller, C.N., Wu, J., Li, J., Gunnison, K.M., Mori, K., Sadighi Akha, A.A., Raden, D., and Kaufman, R.J. (2006). Adaptation to ER stress is mediated by differential stabilities of pro-survival and pro-apoptotic mRNAs and proteins. PLoS Biol. *4*, e374.

Sandri, M. (2013). Protein breakdown in muscle wasting: Role of autophagy-lysosome and ubiquitin-proteasome. Int. J. Biochem. Cell Biol.

Sandri, M., and Carraro, U. (1999). Apoptosis of skeletal muscles during development and disease. Int. J. Biochem. Cell Biol. *31*, 1373–1390.

Savage, K.J., and McPherron, A.C. (2010). Endurance exercise training in myostatin null mice. Muscle Nerve *42*, 355–362.

Schaeffer, P.J., Wende, A.R., Magee, C.J., Neilson, J.R., Leone, T.C., Chen, F., and Kelly, D.P. (2004). Calcineurin and calcium/calmodulin-dependent protein kinase activate distinct metabolic gene regulatory programs in cardiac muscle. J. Biol. Chem. *279*, 39593–39603.

Scheuner, D., and Kaufman, R.J. (2008). The unfolded protein response: a pathway that links insulin demand with beta-cell failure and diabetes. Endocr. Rev. *29*, 317–333.

Scheuner, D., Song, B., McEwen, E., Liu, C., Laybutt, R., Gillespie, P., Saunders, T., Bonner-Weir, S., and Kaufman, R.J. (2001). Translational control is required for the unfolded protein response and in vivo glucose homeostasis. Mol. Cell *7*, 1165–1176.

Schirwis, E., Agbulut, O., Vadrot, N., Mouisel, E., Hourdé, C., Bonnieu, A., Butler-Browne, G., Amthor, H., and Ferry, A. (2013). The beneficial effect of myostatin deficiency on maximal muscle force and power is attenuated with age. Exp. Gerontol. *48*, 183–190.

Schröder, M., and Kaufman, R.J. (2005). The mammalian unfolded protein response. Annu. Rev. Biochem. *74*, 739–789.

Schuelke, M., Wagner, K.R., Stolz, L.E., Hübner, C., Riebel, T., Kömen, W., Braun, T., Tobin, J.F., and Lee, S.-J. (2004). Myostatin mutation associated with gross muscle hypertrophy in a child. N. Engl. J. Med. *350*, 2682–2688.

Scorrano, L., Oakes, S.A., Opferman, J.T., Cheng, E.H., Sorcinelli, M.D., Pozzan, T., and Korsmeyer, S.J. (2003). BAX and BAK regulation of endoplasmic reticulum Ca2+: a control point for apoptosis. Science *300*, 135–139.

Seiliez, I., Taty Taty, G.C., Bugeon, J., Dias, K., Sabin, N., and Gabillard, J.-C. (2013). Myostatin induces atrophy of trout myotubes through inhibiting the TORC1 signaling and promoting Ubiquitin-Proteasome and Autophagy-Lysosome degradative pathways. Gen. Comp. Endocrinol. *186*, 9–15.

Sembrowich, W.L., Quintinskie, J.J., and Li, G. (1985). Calcium uptake in mitochondria from different skeletal muscle types. J. Appl. Physiol. Bethesda Md 1985 *59*, 137–141.

Shan, T., Liang, X., Bi, P., and Kuang, S. (2013). Myostatin knockout drives browning of white adipose tissue through activating the AMPK-PGC1α-Fndc5 pathway in muscle. FASEB J. Off. Publ. Fed. Am. Soc. Exp. Biol.

Sharaf El Dein, O., Gallerne, C., Deniaud, A., Brenner, C., and Lemaire, C. (2009). Role of the permeability transition pore complex in lethal inter-organelle crosstalk. Front. Biosci. Landmark Ed. *14*, 3465–3482.

Shigenaga, M.K., Hagen, T.M., and Ames, B.N. (1994). Oxidative damage and mitochondrial decay in aging. Proc. Natl. Acad. Sci. U. S. A. *91*, 10771–10778.

Shimizu, S., Narita, M., and Tsujimoto, Y. (1999). Bcl-2 family proteins regulate the release of apoptogenic cytochrome c by the mitochondrial channel VDAC. Nature *399*, 483–487.

Shimizu, S., Kanaseki, T., Mizushima, N., Mizuta, T., Arakawa-Kobayashi, S., Thompson, C.B., and Tsujimoto, Y. (2004). Role of Bcl-2 family proteins in a non-apoptotic programmed cell death dependent on autophagy genes. Nat. Cell Biol. *6*, 1221–1228.

Short, K.R., Bigelow, M.L., Kahl, J., Singh, R., Coenen-Schimke, J., Raghavakaimal, S., and Nair, K.S. (2005). Decline in skeletal muscle mitochondrial function with aging in humans. Proc. Natl. Acad. Sci. U. S. A. *102*, 5618–5623.

Simmen, T., Aslan, J.E., Blagoveshchenskaya, A.D., Thomas, L., Wan, L., Xiang, Y., Feliciangeli, S.F., Hung, C.-H., Crump, C.M., and Thomas, G. (2005). PACS-2 controls endoplasmic reticulum-mitochondria communication and Bid-mediated apoptosis. EMBO J. *24*, 717–729.

Siriett, V., Platt, L., Salerno, M.S., Ling, N., Kambadur, R., and Sharma, M. (2006). Prolonged absence of myostatin reduces sarcopenia. J. Cell. Physiol. *209*, 866–873.

Smith, P.E., Calverley, P.M., Edwards, R.H., Evans, G.A., and Campbell, E.J. (1987). Practical problems in the respiratory care of patients with muscular dystrophy. N. Engl. J. Med. *316*, 1197–1205.

Spangenburg, E.E., Jackson, K.C., and Schuh, R.A. (2013). AICAR inhibits oxygen consumption by intact skeletal muscle cells in culture. J. Physiol. Biochem.

Sprecher, D.L., Massien, C., Pearce, G., Billin, A.N., Perlstein, I., Willson, T.M., Hassall, D.G., Ancellin, N., Patterson, S.D., Lobe, D.C., et al. (2007). Triglyceride:high-density lipoprotein cholesterol effects in healthy subjects administered a peroxisome proliferator activated receptor delta agonist. Arterioscler. Thromb. Vasc. Biol. *27*, 359–365.

Sriram, S., Subramanian, S., Sathiakumar, D., Venkatesh, R., Salerno, M.S., McFarlane, C.D., Kambadur, R., and Sharma, M. (2011). Modulation of reactive oxygen species in skeletal muscle by myostatin is mediated through NF-κB. Aging Cell *10*, 931–948.

De Stefani, D., Bononi, A., Romagnoli, A., Messina, A., De Pinto, V., Pinton, P., and Rizzuto, R. (2012). VDAC1 selectively transfers apoptotic Ca2+ signals to mitochondria. Cell Death Differ. *19*, 267–273.

Steinberg, G.R., Macaulay, S.L., Febbraio, M.A., and Kemp, B.E. (2006). AMP-activated protein kinase--the fat controller of the energy railroad. Can. J. Physiol. Pharmacol. *84*, 655–665.

St-Pierre, J., Drori, S., Uldry, M., Silvaggi, J.M., Rhee, J., Jäger, S., Handschin, C., Zheng, K., Lin, J., Yang, W., et al. (2006). Suppression of reactive oxygen species and neurodegeneration by the PGC-1 transcriptional coactivators. Cell *127*, 397–408.

Supinski, G.S., Vanags, J., and Callahan, L.A. (2009). Effect of proteasome inhibitors on endotoxin-induced diaphragm dysfunction. Am. J. Physiol. Lung Cell. Mol. Physiol. *296*, L994–L1001.

Szabadkai, G., Simoni, A.M., Chami, M., Wieckowski, M.R., Youle, R.J., and Rizzuto, R. (2004). Drp-1-dependent division of the mitochondrial network blocks intraorganellar Ca2+ waves and protects against Ca2+-mediated apoptosis. Mol. Cell *16*, 59–68.

Szabadkai, G., Bianchi, K., Várnai, P., De Stefani, D., Wieckowski, M.R., Cavagna, D., Nagy, A.I., Balla, T., and Rizzuto, R. (2006). Chaperone-mediated coupling of endoplasmic reticulum and mitochondrial Ca2+ channels. J. Cell Biol. *175*, 901–911.

Szalai, G., Krishnamurthy, R., and Hajnóczky, G. (1999). Apoptosis driven by IP(3)-linked mitochondrial calcium signals. EMBO J. *18*, 6349–6361.

Szegezdi, E., Logue, S.E., Gorman, A.M., and Samali, A. (2006). Mediators of endoplasmic reticulum stress-induced apoptosis. EMBO Rep. *7*, 880–885.

Tallóczy, Z., Jiang, W., Virgin, H.W., 4th, Leib, D.A., Scheuner, D., Kaufman, R.J., Eskelinen, E.-L., and Levine, B. (2002). Regulation of starvation- and virus-induced autophagy by the eIF2alpha kinase signaling pathway. Proc. Natl. Acad. Sci. U. S. A. *99*, 190–195.

Taylor, C.W., da Fonseca, P.C.A., and Morris, E.P. (2004). IP(3) receptors: the search for structure. Trends Biochem. Sci. *29*, 210–219.

Tengan, C.H., Rodrigues, G.S., and Godinho, R.O. (2012). Nitric oxide in skeletal muscle: role on mitochondrial biogenesis and function. Int. J. Mol. Sci. *13*, 17160–17184.

Thomson, D.M., and Gordon, S.E. (2005). Diminished overload-induced hypertrophy in aged fast-twitch skeletal muscle is associated with AMPK hyperphosphorylation. J. Appl. Physiol. Bethesda Md 1985 *98*, 557–564.

Thomson, D.M., Brown, J.D., Fillmore, N., Ellsworth, S.K., Jacobs, D.L., Winder, W.W., Fick, C.A., and Gordon, S.E. (2009). AMP-activated protein kinase response to contractions and treatment with the AMPK activator AICAR in young adult and old skeletal muscle. J. Physiol. *587*, 2077–2086.

Tidball, J.G., and Wehling-Henricks, M. (2007). The role of free radicals in the pathophysiology of muscular dystrophy. J. Appl. Physiol. Bethesda Md 1985 *102*, 1677–1686.

Tinsley, J.M., Blake, D.J., Roche, A., Fairbrother, U., Riss, J., Byth, B.C., Knight, A.E., Kendrick-Jones, J., Suthers, G.K., and Love, D.R. (1992). Primary structure of dystrophin-related protein. Nature *360*, 591–593.

Tong, J.F., Yan, X., Zhu, M.J., and Du, M. (2009). AMP-activated protein kinase enhances the expression of muscle-specific ubiquitin ligases despite its activation of IGF-1/Akt signaling in C2C12 myotubes. J. Cell. Biochem. *108*, 458–468.

Tonkonogi, M., Fernström, M., Walsh, B., Ji, L.L., Rooyackers, O., Hammarqvist, F., Wernerman, J., and Sahlin, K. (2003). Reduced oxidative power but unchanged antioxidative capacity in skeletal muscle from aged humans. Pflügers Arch. Eur. J. Physiol. *446*, 261–269.

Turner, P.R., Westwood, T., Regen, C.M., and Steinhardt, R.A. (1988). Increased protein degradation results from elevated free calcium levels found in muscle from mdx mice. Nature *335*, 735–738.

Turner, P.R., Fong, P.Y., Denetclaw, W.F., and Steinhardt, R.A. (1991). Increased calcium influx in dystrophic muscle. J. Cell Biol. *115*, 1701–1712.

Um, J.-H., Park, S.-J., Kang, H., Yang, S., Foretz, M., McBurney, M.W., Kim, M.K., Viollet, B., and Chung, J.H. (2010). AMP-activated protein kinase-deficient mice are resistant to the metabolic effects of resveratrol. Diabetes *59*, 554–563.

Valente, E.M., Abou-Sleiman, P.M., Caputo, V., Muqit, M.M.K., Harvey, K., Gispert, S., Ali, Z., Del Turco, D., Bentivoglio, A.R., Healy, D.G., et al. (2004). Hereditary early-onset Parkinson's disease caused by mutations in PINK1. Science *304*, 1158–1160.

Vance, J.E. (1990). Phospholipid synthesis in a membrane fraction associated with mitochondria. J. Biol. Chem. *265*, 7248–7256.

VASINGTON, F.D., and MURPHY, J.V. (1962). Ca ion uptake by rat kidney mitochondria and its dependence on respiration and phosphorylation. J. Biol. Chem. *237*, 2670–2677.

Ventura-Clapier, R., Garnier, A., and Veksler, V. (2008). Transcriptional control of mitochondrial biogenesis: the central role of PGC-1alpha. Cardiovasc. Res. *79*, 208–217.

Vitadello, M., Doria, A., Tarricone, E., Ghirardello, A., and Gorza, L. (2010). Myofiber stress-response in myositis: parallel investigations on patients and experimental animal models of muscle regeneration and systemic inflammation. Arthritis Res. Ther. *12*, R52.

Volpe, P., Villa, A., Podini, P., Martini, A., Nori, A., Panzeri, M.C., and Meldolesi, J. (1992). The endoplasmic reticulum-sarcoplasmic reticulum connection: distribution of endoplasmic reticulum markers in the sarcoplasmic reticulum of skeletal muscle fibers. Proc. Natl. Acad. Sci. U. S. A. *89*, 6142–6146.

Wagner, K.R., McPherron, A.C., Winik, N., and Lee, S.-J. (2002). Loss of myostatin attenuates severity of muscular dystrophy in mdx mice. Ann. Neurol. *52*, 832–836.

Wagner, K.R., Fleckenstein, J.L., Amato, A.A., Barohn, R.J., Bushby, K., Escolar, D.M., Flanigan, K.M., Pestronk, A., Tawil, R., Wolfe, G.I., et al. (2008). A phase I/IItrial of MYO-029 in adult subjects with muscular dystrophy. Ann. Neurol. *63*, 561–571.

Wang, Y.-X., Zhang, C.-L., Yu, R.T., Cho, H.K., Nelson, M.C., Bayuga-Ocampo, C.R., Ham, J., Kang, H., and Evans, R.M. (2004). Regulation of muscle fiber type and running endurance by PPARdelta. PLoS Biol. *2*, e294.

Wei, Y., Sinha, S., and Levine, B. (2008). Dual role of JNK1-mediated phosphorylation of Bcl-2 in autophagy and apoptosis regulation. Autophagy *4*, 949–951.

Wenz, T., Rossi, S.G., Rotundo, R.L., Spiegelman, B.M., and Moraes, C.T. (2009). Increased muscle PGC-1alpha expression protects from sarcopenia and metabolic disease during aging. Proc. Natl. Acad. Sci. U. S. A. *106*, 20405–20410.

Whittemore, L.-A., Song, K., Li, X., Aghajanian, J., Davies, M., Girgenrath, S., Hill, J.J., Jalenak, M., Kelley, P., Knight, A., et al. (2003).

Inhibition of myostatin in adult mice increases skeletal muscle mass and strength. Biochem. Biophys. Res. Commun. *300*, 965–971.

Wieckowski, M.R., Giorgi, C., Lebiedzinska, M., Duszynski, J., and Pinton, P. (2009). Isolation of mitochondria-associated membranes and mitochondria from animal tissues and cells. Nat. Protoc. *4*, 1582–1590.

Winder, W.W., Holmes, B.F., Rubink, D.S., Jensen, E.B., Chen, M., and Holloszy, J.O. (2000). Activation of AMP-activated protein kinase increases mitochondrial enzymes in skeletal muscle. J. Appl. Physiol. Bethesda Md 1985 *88*, 2219–2226.

Wu, J., and Kaufman, R.J. (2006). From acute ER stress to physiological roles of the Unfolded Protein Response. Cell Death Differ. *13*, 374–384.

Wu, K.D., and Lytton, J. (1993). Molecular cloning and quantification of sarcoplasmic reticulum Ca(2+)-ATPase isoforms in rat muscles. Am. J. Physiol. *264*, C333–341.

Wu, H., Rothermel, B., Kanatous, S., Rosenberg, P., Naya, F.J., Shelton, J.M., Hutcheson, K.A., DiMaio, J.M., Olson, E.N., Bassel-Duby, R., et al. (2001). Activation of MEF2 by muscle activity is mediated through a calcineurin-dependent pathway. EMBO J. *20*, 6414–6423.

Wu, J., Ruas, J.L., Estall, J.L., Rasbach, K.A., Choi, J.H., Ye, L., Boström, P., Tyra, H.M., Crawford, R.W., Campbell, K.P., et al. (2011). The unfolded protein response mediates adaptation to exercise in skeletal muscle through a PGC-1α/ATF6α complex. Cell Metab. *13*, 160–169.

Wu, Z., Puigserver, P., Andersson, U., Zhang, C., Adelmant, G., Mootha, V., Troy, A., Cinti, S., Lowell, B., Scarpulla, R.C., et al. (1999). Mechanisms controlling mitochondrial biogenesis and respiration through the thermogenic coactivator PGC-1. Cell *98*, 115–124.

Yang, Z., and Klionsky, D.J. (2010). Mammalian autophagy: core molecular machinery and signaling regulation. Curr. Opin. Cell Biol. *22*, 124–131.

Yarasheski, K.E., Bhasin, S., Sinha-Hikim, I., Pak-Loduca, J., and Gonzalez-Cadavid, N.F. (2002). Serum myostatin-immunoreactive protein is increased in 60-92 year old women and men with muscle wasting. J. Nutr. Health Aging *6*, 343–348.

Youle, R.J., and Narendra, D.P. (2011). Mechanisms of mitophagy. Nat. Rev. Mol. Cell Biol. *12*, 9–14.

Yu, T., Robotham, J.L., and Yoon, Y. (2006). Increased production of reactive oxygen species in hyperglycemic conditions requires dynamic change of mitochondrial morphology. Proc. Natl. Acad. Sci. U. S. A. *103*, 2653–2658.

Zalckvar, E., Berissi, H., Mizrachy, L., Idelchuk, Y., Koren, I., Eisenstein, M., Sabanay, H., Pinkas-Kramarski, R., and Kimchi, A. (2009). DAP-kinase-mediated phosphorylation on the BH3 domain of beclin 1 promotes dissociation of beclin 1 from Bcl-XL and induction of autophagy. EMBO Rep. *10*, 285–292.

Zhang, C., McFarlane, C., Lokireddy, S., Bonala, S., Ge, X., Masuda, S., Gluckman, P.D., Sharma, M., and Kambadur, R. (2011). Myostatin-deficient mice exhibit reduced insulin resistance through activating the AMP-activated protein kinase signalling pathway. Diabetologia *54*, 1491–1501.

Zhou, G., Myers, R., Li, Y., Chen, Y., Shen, X., Fenyk-Melody, J., Wu, M., Ventre, J., Doebber, T., Fujii, N., et al. (2001). Role of AMP-activated protein kinase in mechanism of metformin action. J. Clin. Invest. *108*, 1167–1174.

Zhou, Y., Wang, D., Zhu, Q., Gao, X., Yang, S., Xu, A., and Wu, D. (2009). Inhibitory effects of A-769662, a novel activator of AMP-activated protein kinase, on 3T3-L1 adipogenesis. Biol. Pharm. Bull. *32*, 993–998.

Zhu, Y., Massen, S., Terenzio, M., Lang, V., Chen-Lindner, S., Eils, R., Novak, I., Dikic, I., Hamacher-Brady, A., and Brady, N.R. (2013). Modulation of serines 17 and 24 in the LC3-interacting region of Bnip3 determines pro-survival mitophagy versus apoptosis. J. Biol. Chem. *288*, 1099–1113.

Zimmers, T.A., Davies, M.V., Koniaris, L.G., Haynes, P., Esquela, A.F., Tomkinson, K.N., McPherron, A.C., Wolfman, N.M., and Lee, S.-J. (2002). Induction of cachexia in mice by systemically administered myostatin. Science *296*, 1486–1488.

Zolezzi, J.M., Silva-Alvarez, C., Ordenes, D., Godoy, J.A., Carvajal, F.J., Santos, M.J., and Inestrosa, N.C. (2013). Peroxisome Proliferator-Activated Receptor (PPAR) γ and PPARα Agonists Modulate Mitochondrial Fusion-

Fission Dynamics: Relevance to Reactive Oxygen Species (ROS)-Related Neurodegenerative Disorders? PLoS ONE *8*, e64019.

Zong, H., Ren, J.M., Young, L.H., Pypaert, M., Mu, J., Birnbaum, M.J., and Shulman, G.I. (2002). AMP kinase is required for mitochondrial biogenesis in skeletal muscle in response to chronic energy deprivation. Proc. Natl. Acad. Sci. U. S. A. *99*, 15983–15987.

Zoratti, M., and Szabò, I. (1995). The mitochondrial permeability transition. Biochim. Biophys. Acta *1241*, 139–176.

Annexe

Publications

- Marion Pauly, Frederic Daussin, Yan Burelle, Tong Li , Richard Godin, Jeremy Fauconnier, Christelle Koechlin-Ramonatxo, Gerald Hugon, Alain Lacampagne, Marjorie Quivy, Feng Liang, Sabah Hussain, Stefan Matecki, Basil J. Petrof. **AMPK activation stimulates autophagy and ameliorates muscular dystrophy in the mdx mouse diaphragm.** *AJP, 2012.*

- Segolene Mrozek, Boris Jung, Basil J. Petrof, Marion Pauly, Stephanie Roberge, Alain Lacampagne, Cecile Cassan, Jerome Thireau, Nicolas Molinari, Emmanuel Futier, Valerie Scheuermann, Jean-Michel Constantin, Stefan Matecki, Samir Jaber. **Rapid Onset of Specific Diaphragm Weakness in a Healthy Murine Model of Ventilator induced Diaphragmatic Dysfunction.** *Anesthesiology, 2012.*

- Marion Pauly, Béatrice Chabi, François B. Favier, Frankie Vanterpool, Stefan Matecki, Gilles Fouret, Béatrice Bonafos, Barbara Vernus, Christine Feillet-Coudray, Charles Coudray, Anne Bonnieu and Christelle Ramonatxo. **Impact of myostatin deficiency and AICAR treatment in aged mice skeletal muscle.** *En soumission Aging Cell*

- Béatrice Chabi, Marion Pauly, J. Carillon, Gilles Fouret, Béatrice Bonafos, Barabara Vernus, Charles Courday, Christine Feillet-Coudray, Anne Bonnieu, Dominique Lacan, Christelle Ramonatxo. **Effects of Myostatin deletion and enriched-SOD supplemented diet on redox and mitochondria signaling during aging-related muscle wasting.** *En écriture*

- Marion Pauly, Jeremy Fauconnier, Alain Lacampagne, Stefan Matecki. **Effect of ER stress on calcium signaling in WT and mdx mice.** *En écriture*

- **Exercise induces autophagy and myokine realease in KO mstn mice.** *En cours*

Participation orale et affichée en congrès nationaux et internationaux et voyages scientifiques:

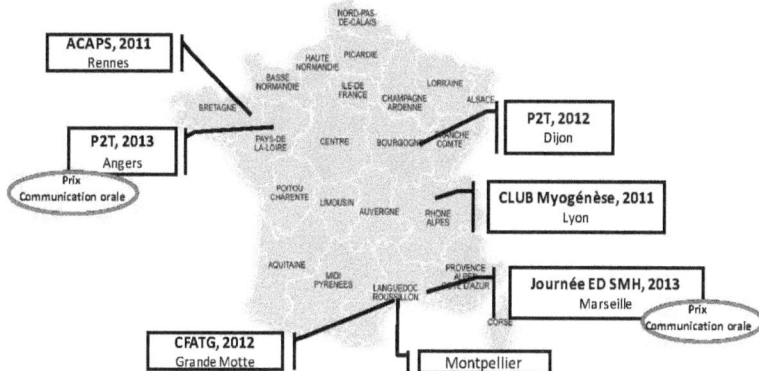

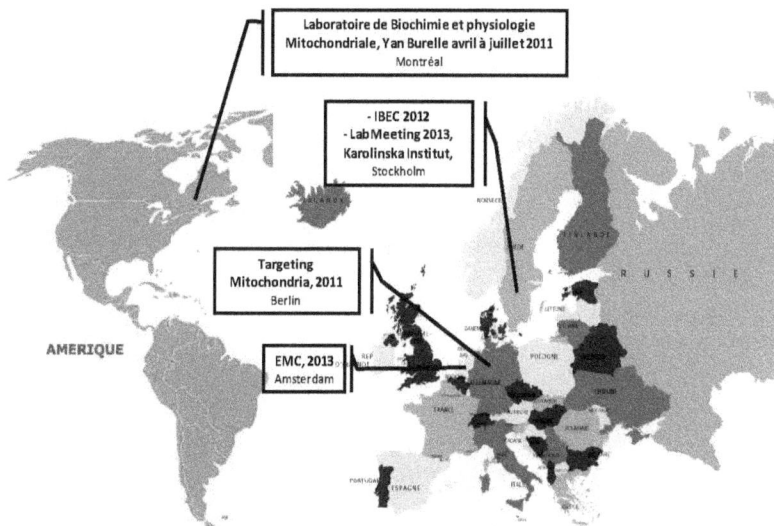

ACAPS, Association des Chercheurs en Activités Physiques et Sportives
CFATG, Club Francophone de l'AuTophaGie
ED SMH, Ecole Doctorale Science du Mouvement Humain
EMC, European Muscle Conference
IBEC, International Biochemistry of Exercise Congress
P2T, Congrès de la société de Physiologie-Pharmacologie et Thérapeutique

Résumé

Essentielle à l'équilibre énergétique de la cellule, la mitochondrie, véritable sentinelle, joue, un rôle majeur dans le destin de la cellule, en modulant les voies de signalisation de mort cellulaire mis en jeu dans l'atrophie musculaire. **L'objectif de cette thèse est de proposer des cibles thérapeutiques centrées sur la mitochondrie dans deux modèles murins dont la physiopathologie est caractérisée par une dysfonction mitochondriale associée à une atrophie musculaire: le vieillissement et la dystrophie musculaire de Duchenne (DMD).** Pour lutter contre la perte de masse musculaire liée à l'âge, la déficience en myostatine (mstn), associée à un phénotype hypermusculé, est une stratégie thérapeutique prometteuse. Mais, l'altération du métabolisme mitochondrial et oxydatif induite par cette déficience réduit les effets bénéfiques d'une telle stratégie. Nous avons donc testé l'intérêt de l'utilisation de la molécule pharmacologique AICAR, activateur connu de l'AMPK, afin de « booster » la fonction mitochondriale chez la souris âgée KO mstn. Les résultats montrent chez la souris KO mstn, une amélioration du temps d'endurance de course. Au niveau signalétique, le traitement induit des effets bénéfiques mais limités sur la fonction mitochondriale. Les mécanismes restent à préciser mais tendent vers l'hypothèse d'un effet bénéfique de l'AICAR sur le stress du réticulum endoplasmique (RE). Le dysfonctionnement mitochondrial a été également largement impliqué dans la physiopathologie de la DMD. Dans notre seconde étude, ce même traitement à l'AICAR chez le modèle murin de la DMD, la souris mdx atténue le phénotype dystrophique et améliore la fonction contractile du diaphragme. Nous montrons que ces effets bénéfiques sont associés à une induction de mécanisme de survie, l'autophagie, et une limitation des phénomènes d'apoptose induit par la mitochondrie, mettant en évidence une amélioration de l'intégrité mitochondriale par stimulation de leur renouvellement dans des fibres musculaires dystrophiques. Enfin, ce travail a mis en avant pour la première fois la présence à l'état basal de stress du RE chez la mdx, propsant une nouvelle cible thérapeutique. L'impact de ce stress dans la fibre musculaire normal et pathologique est très mal connu. Nos résultats montrent que le stress du RE modifie les liens entre le réticulum sarcoplasmique et la mitochondrie, perturbe l'homéostasie calcique et active les voies de mort cellulaire associées à une dysfonction contractile. Ces résultats ouvrent une perspective de stratégie thérapeutique dans les pathologies musculaire impliquant un stress du RE, comme la DMD. Ce travail de thèse a mis en avant l'importance de développer des thérapies pharmacologiques dans les pathologies musculaires, permettant d'améliorer la fonction à la fois métabolique et de sentinelle de la mitochondrie.

Mot clés : mdx, myostatine, PGC-1α, stress du RE, autophagie, AICAR

Abstract

Mitochondria, a sentinel in muscle remodeling:
New insights on Aging and Duchenne Muscular Dystrophy

Fundamental for the energetic balance of the cell, mitochondria play a key role for modulation of cell death pathway related to muscular atrophy. **Thus, the purpose of this PhD is to find therapeutic strategy focus on mitochondria in two different murine models where the physiopathology is characterized by a mitochondria dysfunction associated with muscle atrophy: Aging process and Duchenne Muscular Dystrophy (DMD).**

To prevent loss of muscle mass associated with aging, the lack of myostatin, inducing a hypermuscular phenotype, is a promising therapeutic strategy. However, loss of myostatin is associated with a strong reduction of mitochondrial and oxidative metabolism in skeletal muscle, and this strategy need to be potentiated. In this context, we explore if mitochondrial alteration in aged wild-type mice or in aged mstn KO mice are rescued by chronic AMPK-activating treatment, using the synthetic agonist AICAR, considered as "an mimetic of exercise". Our results show an improvement of aerobic running performance in mstn KO mice. Concerning to signaling pathways, AICAR treatment induces beneficial but limited effects on mitochondrial metabolism. Mechanisms are still under investigation but our results suggest a reduction in ER stress. Moreover, mitochondria dysfunction has been widely implicated in DMD physiopathology. This same treatment of AICAR, in the murine model of DMD, improves the diaphragm histopathology as well as maximal force generating capacity. These beneficial effects were linked with autophagy activation and apoptosis limitation, without inducing muscle fiber atrophy, and promoting the elimination of defective mitochondria.Finally, the last part of this study highlight for the first time, an increase of ER stress at basal level, suggesting a new therapeutic target. Nevertheless, ER stress impact in skeletal muscle fibers is sparsely known. The preliminary results show that ER stress decrease the link between ER and mitochondria, which have an impact on calcium homeostasis and stimulate cell death pathway with a decrease of contractile function.

This study highlights the importance to develop pharmacological therapies in muscular pathology, focus on metabolic and sentinel mitochondria function.

Key words: mdx, myostatin, PGC-1α, ER stress, autophagy, AICAR

www.ingramcontent.com/pod-product-compliance
Lightning Source LLC
Chambersburg PA
CBHW021036210326
41598CB00016B/1041